Aprende
Fontanería
Tomo 2

Desague, redes, bombas, sistemas, reparación, proyecto

ISBN: 9798387124617

Edición EMD

Este manual ha sido elaborado en el marco del proyecto PAEBA. Tiene como propósito principal reforzar el aprendizaje del alumnado que asiste a los Círculos de Aprendizaje y a las Aulas Móviles de capacitación laboral en la especialidad de gasfitería correspondiente al tercer módulo de formación.

Ha sido trabajado para ofrecer a los estudiantes una herramienta de superación personal, complementando los contenidos y actividades trabajados en el segundo manual.

Su elaboración ha tenido en cuenta la propuesta curricular del PAEBA. El módulo 2 "Instalación de abastecimiento de agua, reparación y mantenimiento de aparatos sanitarios" tiene una duración de 60 horas, divididas en 20 sesiones. Cada sesión está estructurada de la siguiente forma: nombre, propósito de la sesión, desarrollo del contenido, actividades de aplicación, evaluación y sugerencias metodológicas.

Las sugerencias metodológicas planteadas al final de cada sesión, tienen como objetivo brindar al docente estrategias que complementen el proceso de enseñanza aprendizaje y servir como punto de partida para mejorar la atención educativa.

1. Identifica y reconoce las partes de una instalación de desagüe.

2. Explica la instalación de redes de agua.

3. Reconoce las características más importantes de la instalación del sistema directo de agua.

4. Instala agua en una vivienda empleando el sistema de abastecimiento directo.

5. Emplea el sistema de abastecimiento indirecto de agua en una vivienda.

6. Instala tanques cisterna de agua para viviendas.

7. Instala tanques altos para viviendas.

8. Realiza la instalación de un sistema de abastecimiento mixto de agua.

9. Manipula e instala bombas de impulsión de agua.

10. Instala un tanque cisterna, bombas de impulsión y tanque alto.

11. Da mantenimiento y reparación a inodoros.

12. Da mantenimiento y reparación a lavatorios.

13. Realiza trabajos de reparación y mantenimiento de caños y grifos.

14. Lee e interpreta planos de instalaciones sanitarias.

15. Instala sistemas de riegos por aspersión.

16. Instala sistemas de riego por aspersión móviles.

17. Planifica su proyecto de autoempleo.

18. Redacta contratos de servicios sencillos.

Sistema de desagüe

Propósito:

Reconocer las partes del sistema de desagüe e identificar las funciones que cumplen en una instalación.

El sistema de desagüe es el conjunto de tuberías y accesorios unidos entre sí que permiten conducir las aguas servidas de una edificación hacia la red pública. Consta de varias partes, cada una cumple una función específica.

Generalmente, el sistema de desagüe tiene las siguientes partes:

1. Acometida de desagüe.

Tubería instalada debajo del nivel del suelo en la parte exterior de la vivienda. Conecta el tubo principal de desagüe público y la primera caja de registro de la vivienda. Este tubo generalmente es de 6 pulgadas, puede ser de concreto, y tiene como función principal unir el sistema de desagüe de la vivienda con el de la red pública.

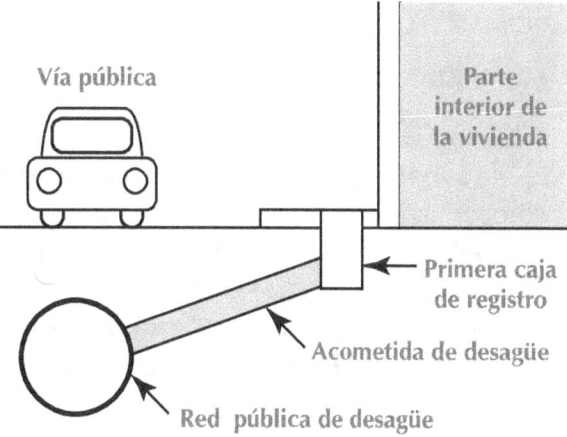

2. Colector.

Es la tubería colocada por debajo del piso de la vivienda. Tiene como función recibir y conducir los desagües de todos los ambientes hacia la primera caja de registro y, de allí, al desagüe público. También se le llama tubo principal, porque recorre en línea recta toda la vivienda. Generalmente se emplean tubos de PVC de 4 pulgadas de diámetro, con una pendiente (inclinación) mínima de 1,5 a 2% , que permite que el desagüe circule con mayor velocidad hacia la parte exterior de la vivienda.

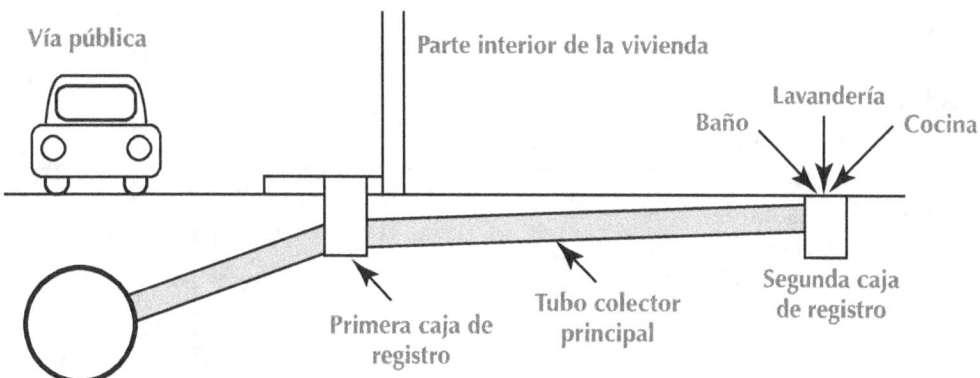

La falla más común que presenta el tubo colector son los atoros u obstrucciones debido a la poca pendiente que se le da en la instalación. Otra causa de esta falla son los cambios bruscos de dirección al instalar esta tubería. No es recomendable formar ángulos de 90°, porque se disminuye la fuerza y velocidad en la salida del desagüe.

3. Tubo de ventilación.

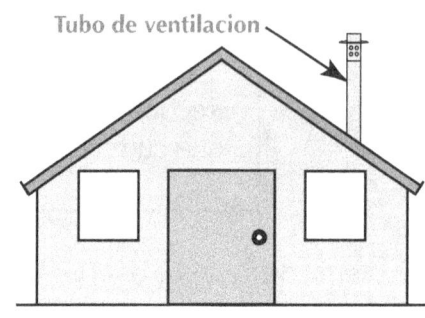

Tubo de ventilacion

Es uno o varios tubos de PVC de 2 pulgadas de diámetro conectados a las tuberías de desagüe y que sobresalen en la parte superior de la vivienda. Permite eliminar los gases y el mal olor producidos por el desagüe en las tuberías.

Además permite la circulación del desagüe por las tuberías con mayor rapidez debido a que permite el ingreso de aire.

Si la vivienda no cuenta con el tubo de ventilación, la red de desagüe tendría dificultades para eliminar las aguas servidas de la vivienda, se producirían atoros u obstrucciones y mal olor.

4. Montante.

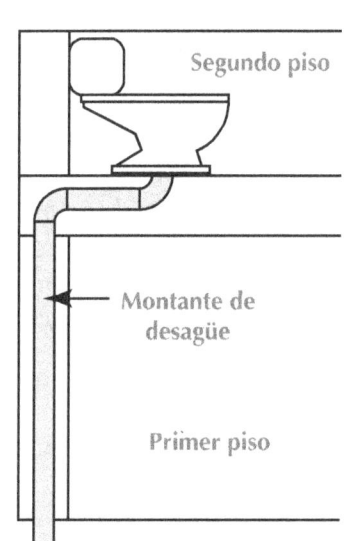

Segundo piso

Se denomina "montante" a las tuberías de desagüe, inclusive las de agua, instaladas en forma vertical. Estas tuberías están colocadas en la pared y tienen como función recibir las descargas de desagüe de la parte superior de la vivienda o de los diferentes aparatos sanitarios. El tubo de ventilación que se coloca por la pared y sobresale por el techo de la vivienda, también se denomina montante de ventilación.

Montante de desagüe

Generalmente para las montantes de los aparatos sanitarios y los de ventilación se emplean tubos de PVC de 2" y, para las montantes de desagüe de los pisos superiores de la vivienda, tubos de 4".

Primer piso

5. Ramales de desagüe.

Son tuberías de PVC de 4" ó 2" que se derivan del tubo colector principal de la vivienda a través de cajas de registro. También se les denomina subramal principal de desagüe.

El ramal de desagüe sirve para conducir los desagües de cada ambiente de la vivienda hacia la caja de registro y, desde allí, al sistema público de desagüe. Así tenemos el ramal de desagüe de la cocina, del baño, de la lavandería, etc.

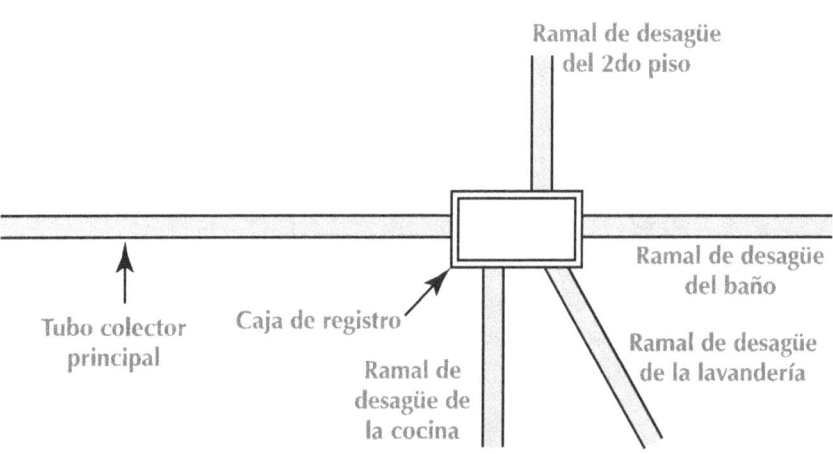

Ramal de desagüe del 2do piso

Ramal de desagüe del baño

Ramal de desagüe de la lavandería

Tubo colector principal

Caja de registro

Ramal de desagüe de la cocina

8

6. Ramal de descarga.

Tubería de PVC de 2″ ó 4″ que recibe directamente los desagües de los diferentes aparatos sanitarios de la vivienda. Esta tubería se conecta a los ramales de desagüe y, de ahí, a las cajas de registro.

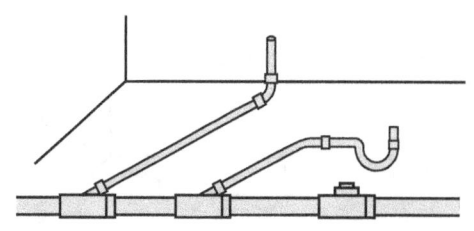

En un baño, tenemos el ramal de descarga del lavatorio, del sumidero y de la ducha con tubos de 2″ y del inodoro con un tubo de 4″.

7. Cajas de registro.

Son cajas de concreto a las que se conectan todas las tuberías de los ramales de desagüe. Tienen como función principal recibir las descargas de desagüe de todos los ambientes de la vivienda.

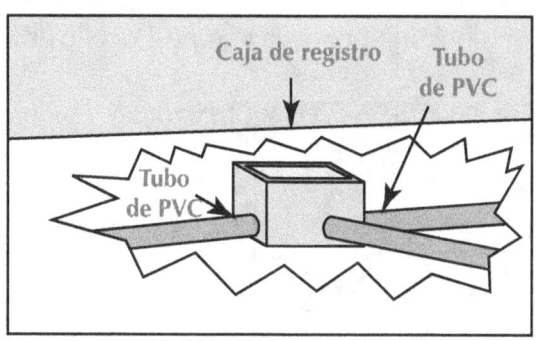

Para una buena conducción del desagüe, una vivienda debe contar mínimamente con dos cajas de registro: una en la parte interior y otra en la parte exterior. Ambas cajas deben ser colocadas en línea recta y a una distancia no mayor de 15 m.

La falla más común en la caja de registro son las obstrucciones debido a la acumulación de restos sólidos en las partes internas de la caja. Por ello es recomendable hacer labores de limpieza e inspecciones periódicas.

8. Registros roscados.

Son dispositivos destinados para la inspección, desobstrucción o limpieza interior de las tuberías de desagüe. Se caracterizan por llevar tapas de bronce cerradas y roscadas al nivel del piso. Se colocan en los tubos principales de desagüe de cada ambiente. Las tapas de los registros pueden ser de 4 y 2 pulgadas de diámetro.

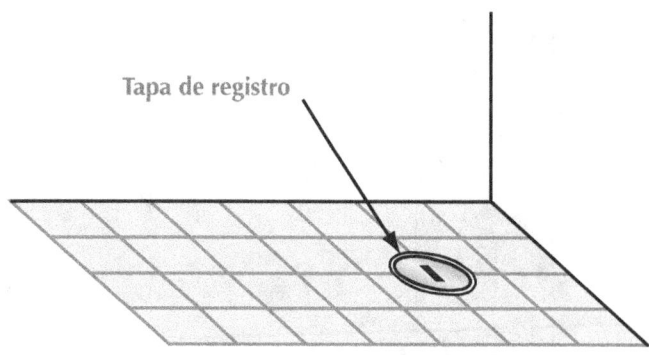

La falla más común de los registros roscados es la dificultad para retirar la tapa. Las roscas de la tapa se llenan de suciedad dificultando el giro.

9. Sumidero.

Accesorio metálico de 2″ de diámetro. Se coloca en el piso y lleva una rejilla que permite que el agua en desuso sea evacuada hacia las tuberías de las redes de desagüe. Debajo de cada sumidero se instala una trampa tipo P para evitar que el mal olor retorne a la parte interior de la vivienda. Un ejemplo claro de sumidero lo tenemos en las duchas. En el piso se coloca una rejilla que facilita que el agua sea evacuada al desagüe.

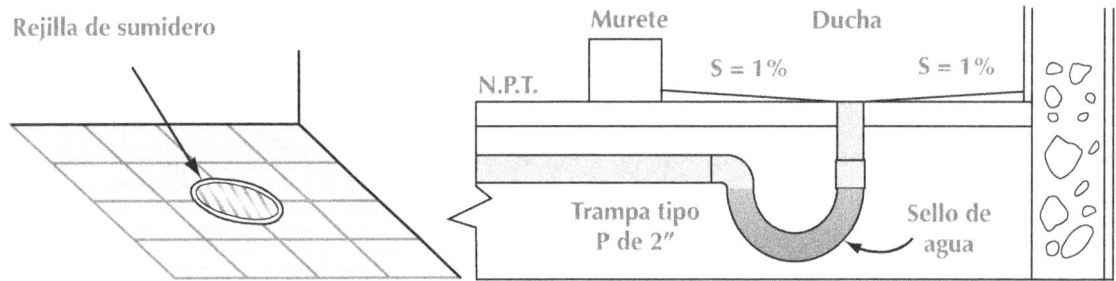

La falla más común es la obstrucción y atoro por la acumulación de suciedad en el codo inferior de la trampa. Por ello es recomendable hacer la limpieza en forma periódica.

ACTIVIDADES

◆ Observa el siguiente gráfico, señala y describe las partes de la instalación de desagüe.

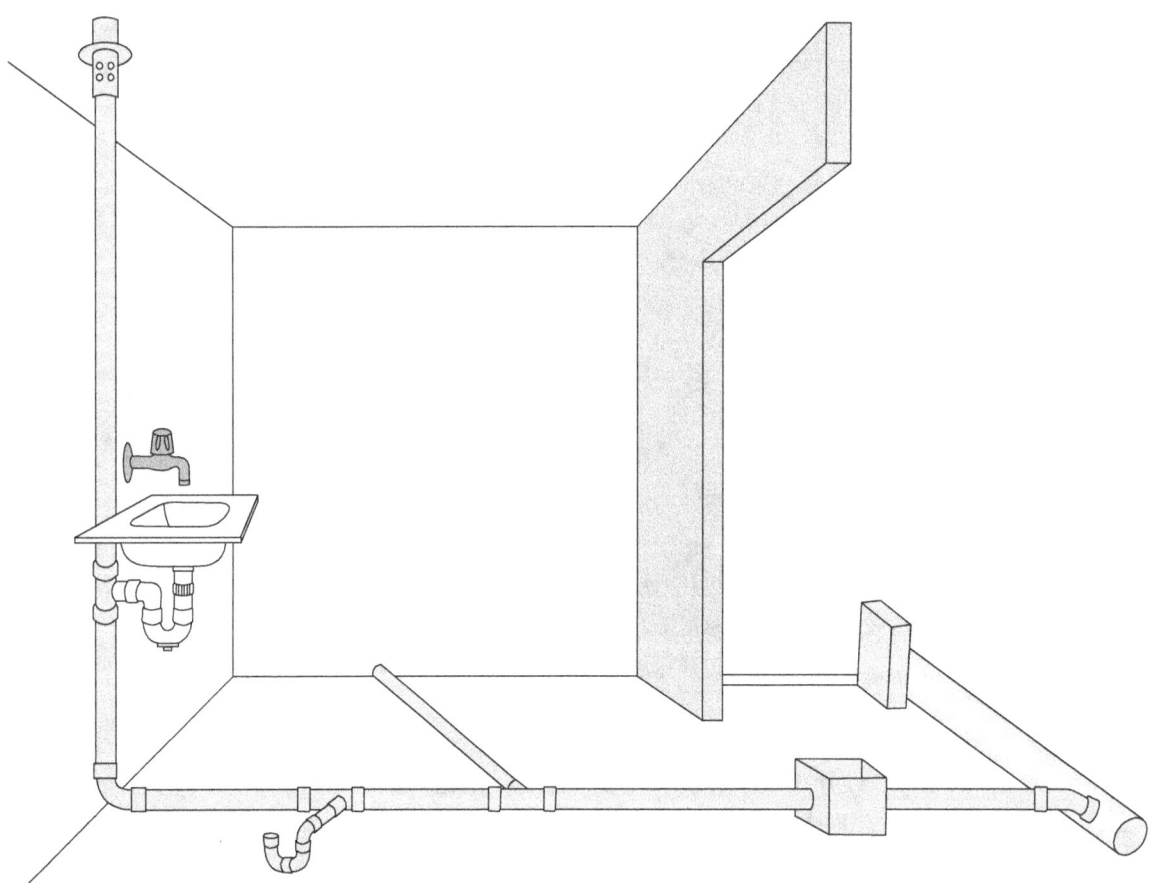

EVALUANDO MIS APRENDIZAJES

1. Observa el gráfico e identifica las partes de la instalación de desagüe.

2. Realiza la instalación de desagüe con los materiales y accesorios necesarios según el gráfico.

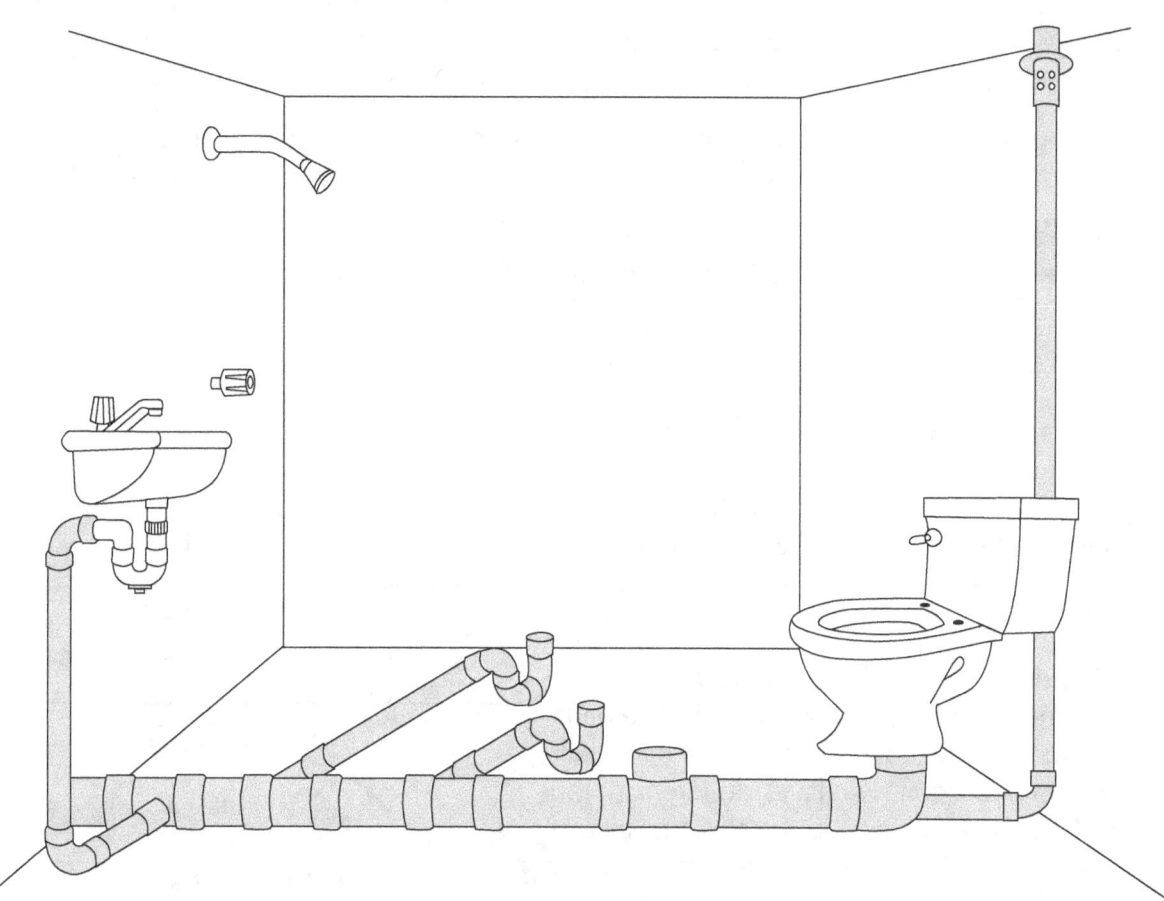

Sugerencias metodológicas:

- Muestra una lámina con las partes principales de una instalación de desagüe.

- Pide a los estudiantes que mencionen y comenten si han observado las partes de una instalación en algún lugar.

- Realiza la práctica de instalación de desagüe con los materiales y accesorios.

- Ejemplifica las principales fallas en la instalación de los elementos del sistema de desagüe.

Sistema de redes de agua

Propósito:

Reconocer las partes, funciones, utilidad y forma de realizar una instalación de agua en una vivienda.

La empresa que suministra el agua potable a tu comunidad coloca en la parte exterior de las viviendas un medidor. Desde ese punto se realiza la instalación y distribución de agua a los ambientes de la vivienda: baño, cocina, lavandería, jardín, segundo piso, etc.

La distribución de agua se hace empleando el sistema directo, que consiste en llevar el agua mediante tuberías desde el medidor hasta cada uno de los ambientes de la vivienda.

La presión en la red pública permite que el agua llegue a todos los puntos de consumo (ambientes y aparatos sanitarios) sin ningún elemento intermedio.

Partes de una instalación de agua

1. **Acometida de agua.** Es la parte de la instalación de agua que viene de la red pública hacia el medidor. Son tubos de PVC que se conectan a la tubería de la red pública. Esta instalación la realiza la empresa que brinda este servicio.

2. **Medidor de agua.** Instrumento que registra el consumo de agua de la vivienda. Se halla en una caja de concreto con tapa de metal. Va instalado con dos llaves de interrupción de PVC y dos uniones universales, una a cada lado del medidor. La instalación del medidor la realiza la empresa que brinda el servicio de agua potable.

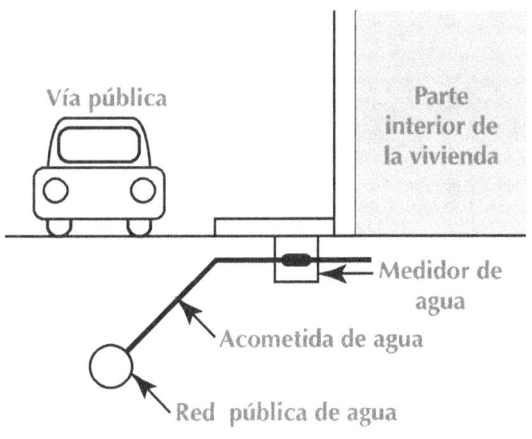

3. **Válvula de interrupción.** Permite o impide el abastecimiento de agua a la vivienda. Se recomienda que vaya acompañada de dos uniones universales para facilitar su reemplazo.

En la actualidad se emplean las válvulas esféricas como válvulas de interrupción, debido a que son prácticas y más eficaces que las válvulas de compuerta que se utilizaban anteriormente.

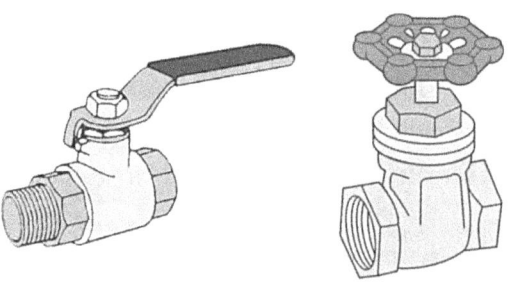

Válvula esférica   Válvula de compuerta

4. **Alimentador de agua.** Es un tubo de PVC de 1/2", 3/4" ó 1" que lleva el agua hacia el interior de la vivienda. Debe ser instalado lo más recto posible y en un lugar que permita distribuir agua a todos los ambiente de la vivienda.

En una vivienda de 1 ó 2 pisos se emplean tubos de 1/2" ó 3/4" porque el consumo de agua es menor. En edificios o viviendas de departamentos se emplean tubos de 1" porque se tiene que abastecer a varios ambientes.

5. **Ramales de distribución.** Sirven para distribuir agua a los diferentes ambientes de la vivienda. Para su instalación se emplean tubos de 1/2", si es para una vivienda de 1 ó 2 pisos, mientras que para edificios o departamentos es mejor el de 3/4".

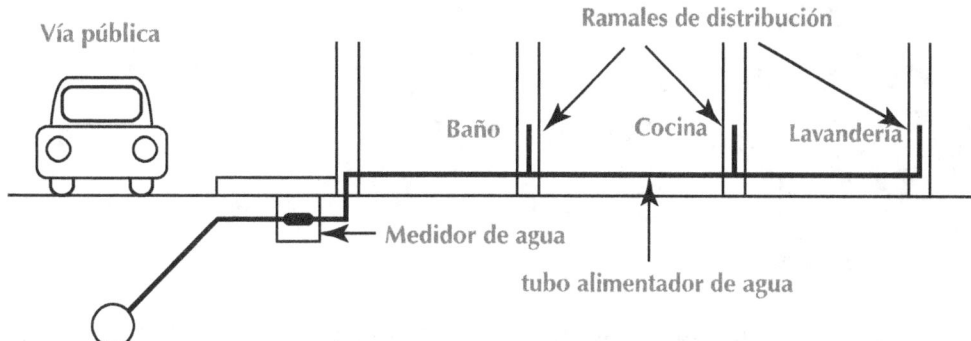

6. **Montante.** Se denomina montante a todo tubo de agua colocado en forma vertical. Lleva agua hasta los aparatos sanitarios, ambientes o pisos superiores de la vivienda.

Criterios para la instalación de agua

- Observa el lugar donde se ubica el medidor de agua. El medidor es el punto de suministro de agua; siempre va en la parte exterior de la vivienda.

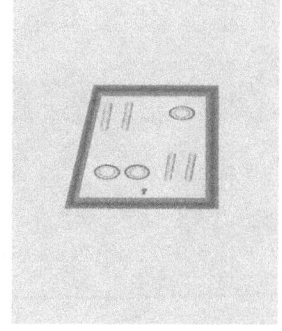

- Desde el medidor se empalma un tubo alimentador de agua de PVC. Este tubo sirve para distribuir agua a los diferentes ambientes de la vivienda. Debe ser colocado en lugares libres como pasadizos, entradas, etc., a una altura de 20 a 30 cm del nivel del piso terminado; en lo posible, debe evitarse su instalación en zonas principales de la vivienda como la sala, comedor, dormitorios, etc. Así se evitan daños en estos ambientes al realizar una posible reparación de la tubería.

- Utiliza accesorios como T, codos, uniones, reducciones, adaptadores, etc. para derivar el agua a los diversos ambientes de la vivienda. Los accesorios que se emplean en la instalación pueden ser con rosca o a embone.

- En cada ambiente se colocan válvulas de interrupción para accionarlas en caso necesario (reparación o una fuga de agua).

Recomendaciones:

- Si en la instalación de agua se emplean tubos y accesorios de PVC a embone, utiliza soldadura o cemento de PVC. Antes de aplicar la soldadura, limpia los tubos y accesorios a unir.

- Si la instalación se hace con el sistema roscado, los tubos y accesorios deben ser del mismo tipo (con rosca). En este caso es recomendable emplear cinta de teflón para sellar la unión roscada.

- En las instalaciones roscadas no debes emplear soldadura o cemento de PVC porque no se podrían desenroscar para realizar una reparación o mantenimiento.

 ACTIVIDADES

1. Observa el gráfico. Nombra y señala con una flecha las partes de la instalación de agua.

14

2. Observa el esquema del baño de una vivienda y realiza la instalación con las herramientas, materiales y accesorios necesarios.

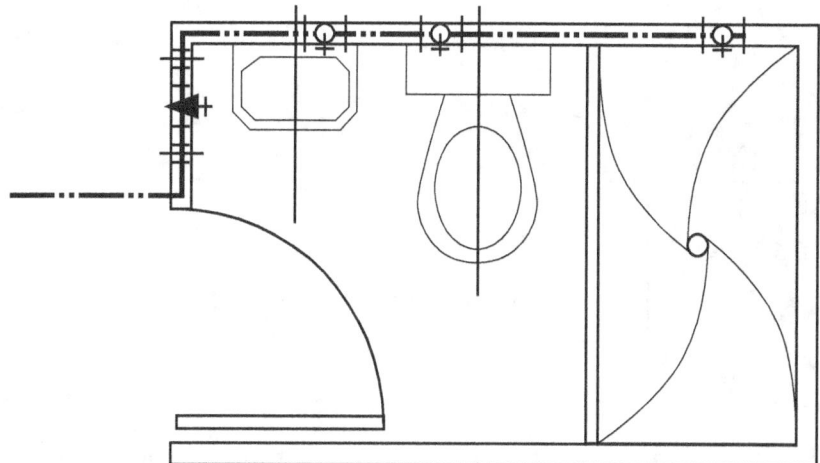

EVALUANDO MIS APRENDIZAJES

■ Subraya la respuesta correcta:

1. La función principal del medidor de agua es:

   a) Cortar el abastecimiento de agua.   b) Abastecer de agua a la vivienda.
   c) Medir el consumo de agua.   d) Dejar pasar el agua sin dificultad.

2. La montante en una red de agua es:

   a) El tubo de PVC colocado en forma horizontal.
   b) La tubería de agua que llega al medidor.
   c) La tubería de agua colocada en forma vertical.
   d) Cualquier tubo de PVC que conduce agua.

3. Si no instalamos la válvula de interrupción, ¿qué dificultades podríamos tener?

   a) Desperdiciamos el agua en toda la vivienda.
   b) Todo funcionaría correctamente.
   c) No controlaríamos el abastecimiento de agua.
   d) Las paredes se humedecerían frecuentemente.

Sugerencias metodológicas:

■ Forma grupos para que realicen un gráfico de la instalación de agua de sus viviendas. Cada grupo explica a sus compañeros las características principales de su gráfico.

■ Fomenta la participación y refuerza el tema.

■ Realiza una visita a un domicilio para observar una instalación básica de agua.

Sistema de abastecimiento directo de agua

Propósito:

Conocer los principios del sistema de abastecimiento directo de agua para realizar la instalación en una vivienda.

Se denomina abastecimiento de agua a la forma en que el agua es suministrada y distribuida a todos los ambientes de una vivienda.

En una vivienda se puede instalar tres sistemas de abastecimiento de agua:

■ Sistema de abastecimiento directo.

■ Sistema de abastecimiento indirecto.

■ Sistema de abastecimiento mixto.

Sistema de abastecimiento directo

Es el sistema de tuberías y accesorios que en forma conjunta lleva el agua desde el medidor a los diferentes puntos de salida de la vivienda.

El sistema directo de abastecimiento de agua es uno de los más empleados en viviendas de uno o dos pisos, especialmente en zonas donde la presión de agua es suficiente para distribuir el agua a los ambientes de la vivienda. Se caracteriza por ser muy sencillo en su instalación.

Las tuberías que se emplean para este tipo de abastecimiento son tubos de PVC de 1/2" ó 3/4", con accesorios y conexiones del mismo diámetro que las tuberías. Para realizar las uniones se emplea pegamento o cemento de PVC si es que las conexiones son del tipo embone, y cinta de teflón o formador de empaquetadura si es del tipo roscado.

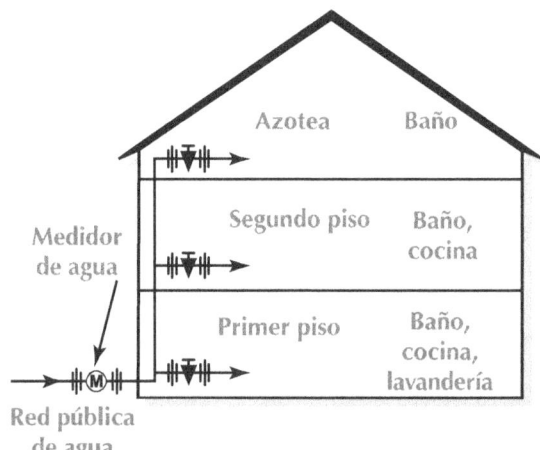

Sistema de abastecimiento de agua en forma directa

Como observas en el gráfico, la instalación de agua de todos los ambientes de la vivienda es directa desde la tubería matriz de la red pública de agua.

En el esquema se observa que el agua, que viene de la red pública, llega primero al medidor y, después, con una tubería de agua de PVC es distribuida a los tres pisos. Además, podrás

16

notar que en cada piso se instala una válvula de control general para cortar el abastecimiento de agua cuando se requiera sin interferir con el abastecimiento a los otros pisos.

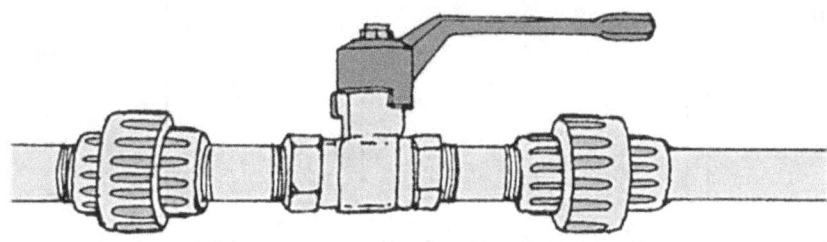

En este tipo de abastecimiento de agua se emplean válvulas de control, especialmente las válvulas esféricas, complementadas con uniones universales, que instalados en forma conjunta se denominan nichos o cajuelas.

Se recomienda que en cada piso de la vivienda se instale un nicho o cajuela general para controlar el agua. También que en cada ambiente (baño, cocina, lavandería, etc.) haya un nicho o cajuela. Esto se hace para bloquear el paso del agua en el ambiente donde se observe una falla o avería sin cortar el servicio a los otros ambientes.

El sistema de abastecimiento directo de agua presenta las siguientes ventajas y desventajas:

Ventajas:

■ Instalación económica, los tubos y accesorios de PVC son más baratos en comparación con las tuberías y conexiones de fierro galvanizado que se empleaban años atrás.

■ La instalación es muy sencilla y fácil de realizar, sólo se requiere una persona para hacerlo.

Desventajas:

■ Cuando se corta el suministro de agua desde la red pública la vivienda queda desabastecida.

 ACTIVIDADES

◆ Representa en forma simbólica el abastecimiento directo de agua de una vivienda.

Procedimiento:

1. Observa el plano de la vivienda.

2. Identifica el medidor de agua, el baño, la cocina y el patio.

3. Grafica en forma simbólica el abastecimiento directo de agua para cada ambiente que lo requiera.

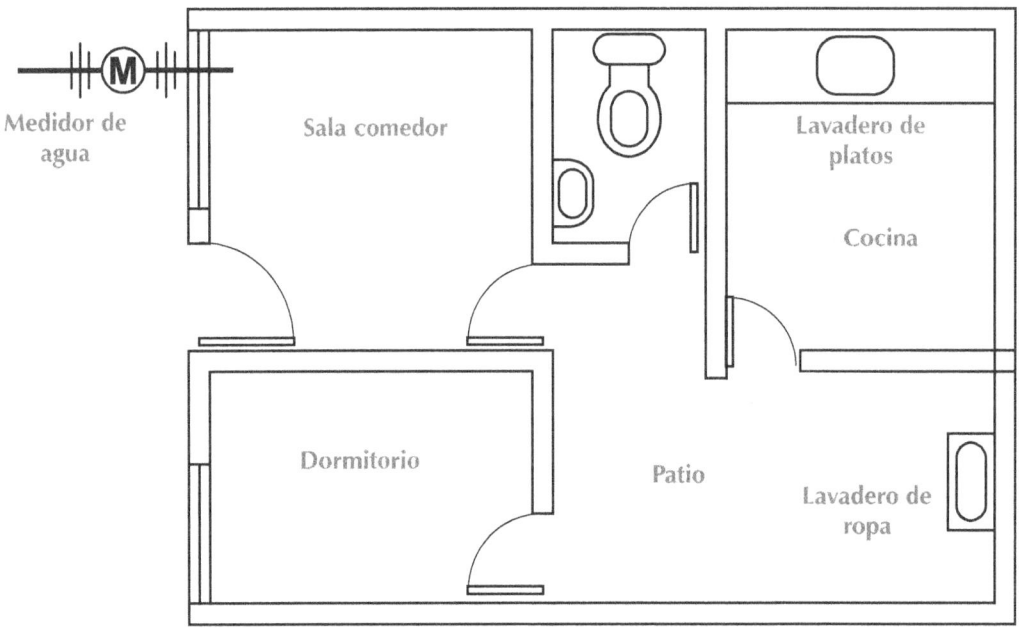

 EVALUANDO MIS APRENDIZAJES

■ Grafica tu vivienda y representa el abastecimiento directo de agua que instalarías.

Sugerencias metodológicas:

■ Muestra una lámina con la instalación directa de agua de una vivienda.

■ Pide que mencionen y comenten si la instalación de agua mostrada es similar a sus viviendas.

■ Solicita que cada grupo exponga lo desarrollado en la actividad.

■ Aplica la coevaluación para determinar qué grupo realizó la mejor representación del sistema de abastecimiento directo de agua.

Práctica de instalación de un sistema directo de abastecimiento de agua

Propósito:

Realizar la instalación de un sistema directo de abastecimiento de agua a una vivienda aplicando las recomendaciones técnicas.

El abastecimiento directo de agua es uno de los sistemas más empleados para la distribución de agua a toda la vivienda. Es económico, práctico y funcional.

ACTIVIDADES

◆ **Instalación de un sistema de abastecimiento directo de agua en una vivienda:**

Herramientas:

- Llave Stillson
- Llave francesa
- Arco de sierra
- Wincha

Materiales:

- 2 tubos de PVC de 1/2"
- 1 T de PVC de 1/2" a embone
- 6 uniones universales de PVC de 1/2"
- 3 válvulas esféricas de 1/2"
- 8 niples de PVC de 1/2"
- 6 adaptadores de 1/2"
- 1 cinta de teflón
- 1 soldadura o cemento de PVC

Limpia bien la superficie de los tubos y accesorios de agua a embone antes de realizar la soldadura de PVC.

Procedimiento:

1. Identifica la ubicación del medidor de agua de la vivienda.

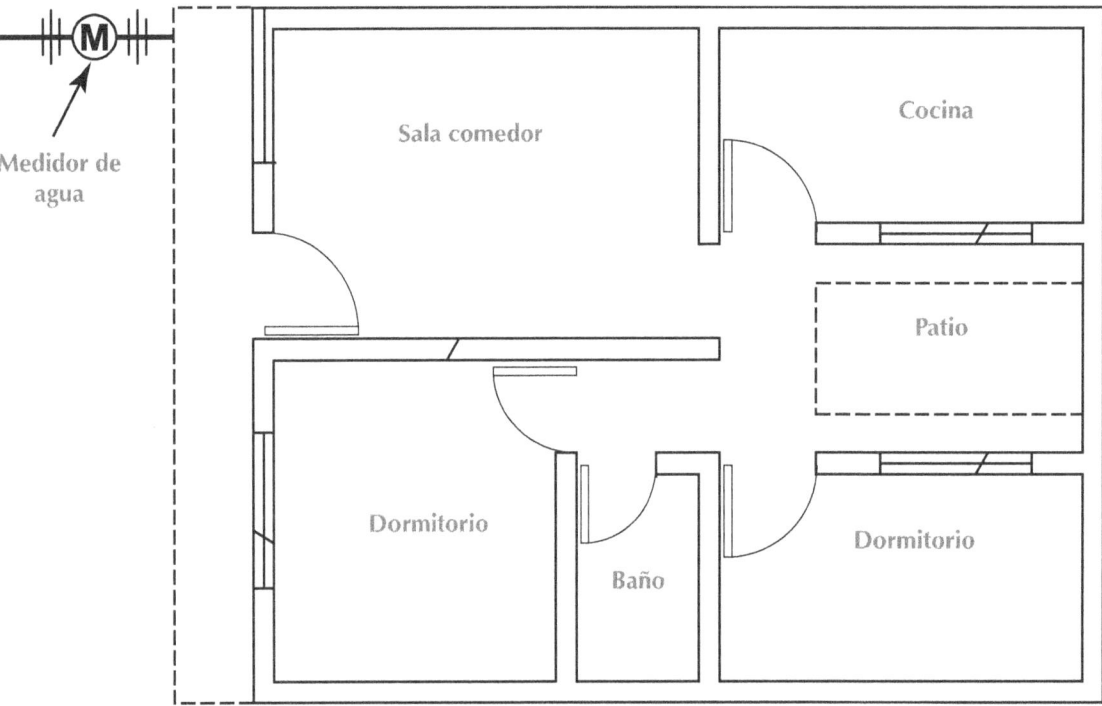

2. Conecta una válvula esférica con sus dos uniones universales a la salida del medidor de agua. Esta válvula cumplirá la función de llave de control general.

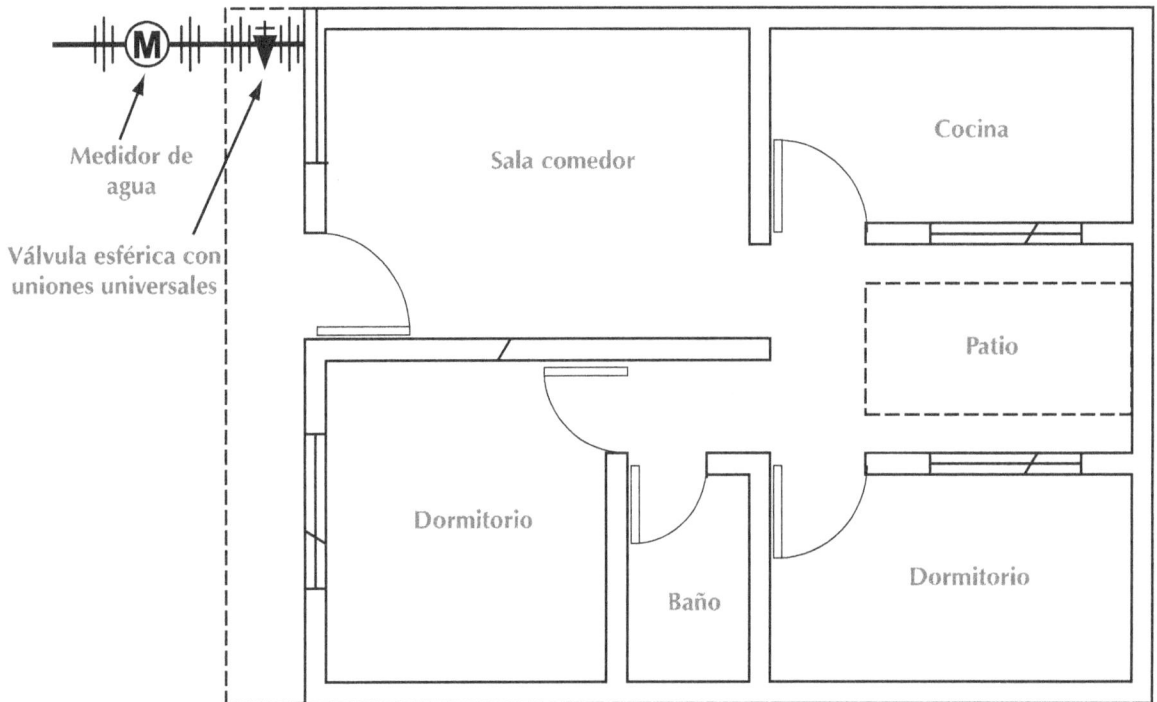

3. Empalma un tubo de PVC de 1/2″ a la salida de la conexión de la unión universal hasta la cocina de la vivienda.

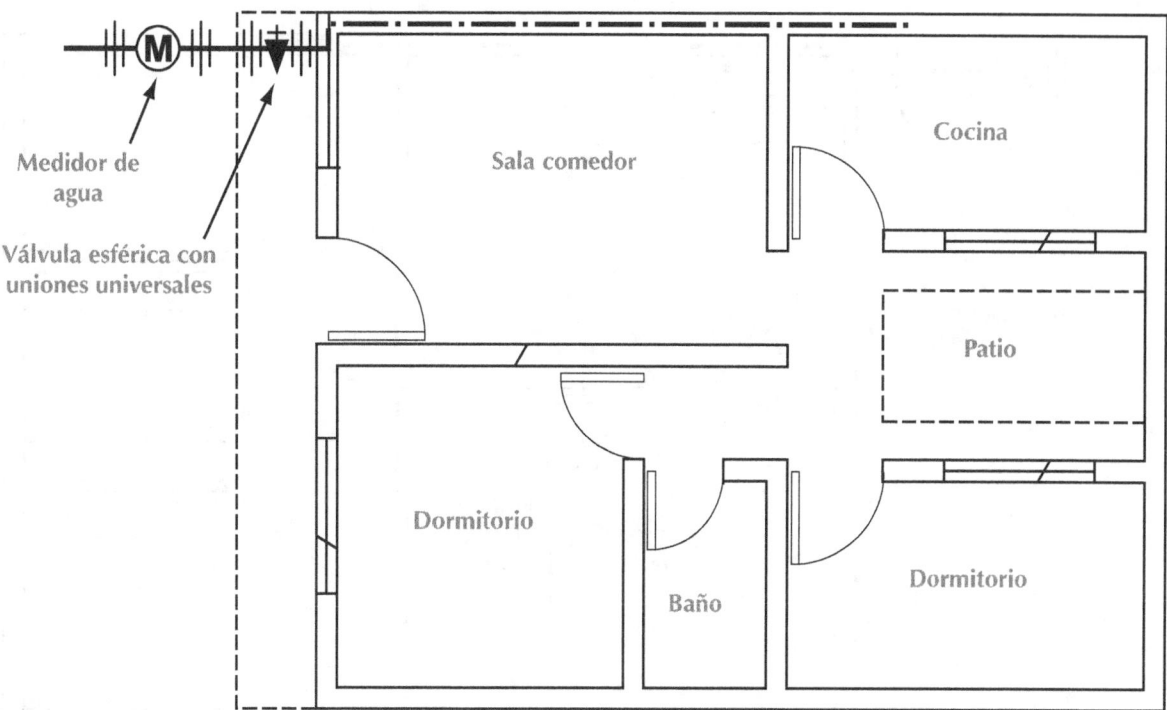

4. Utiliza una T de PVC de 1/2″ para derivar la tubería que viene desde la válvula esférica hacia el baño de la vivienda.

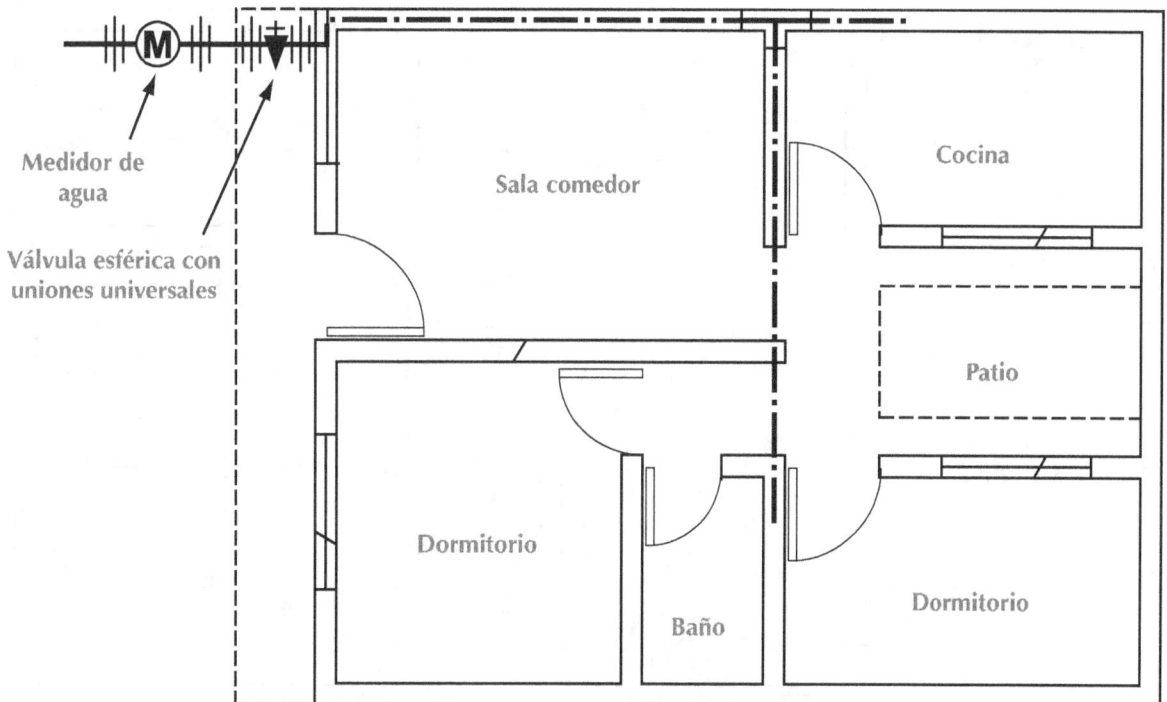

5. Coloca una válvula esférica con sus uniones universales en la tubería de PVC que servirá para distribuir el agua a los diferentes aparatos sanitarios de la cocina. Esta válvula controlará el agua de todo este ambiente.

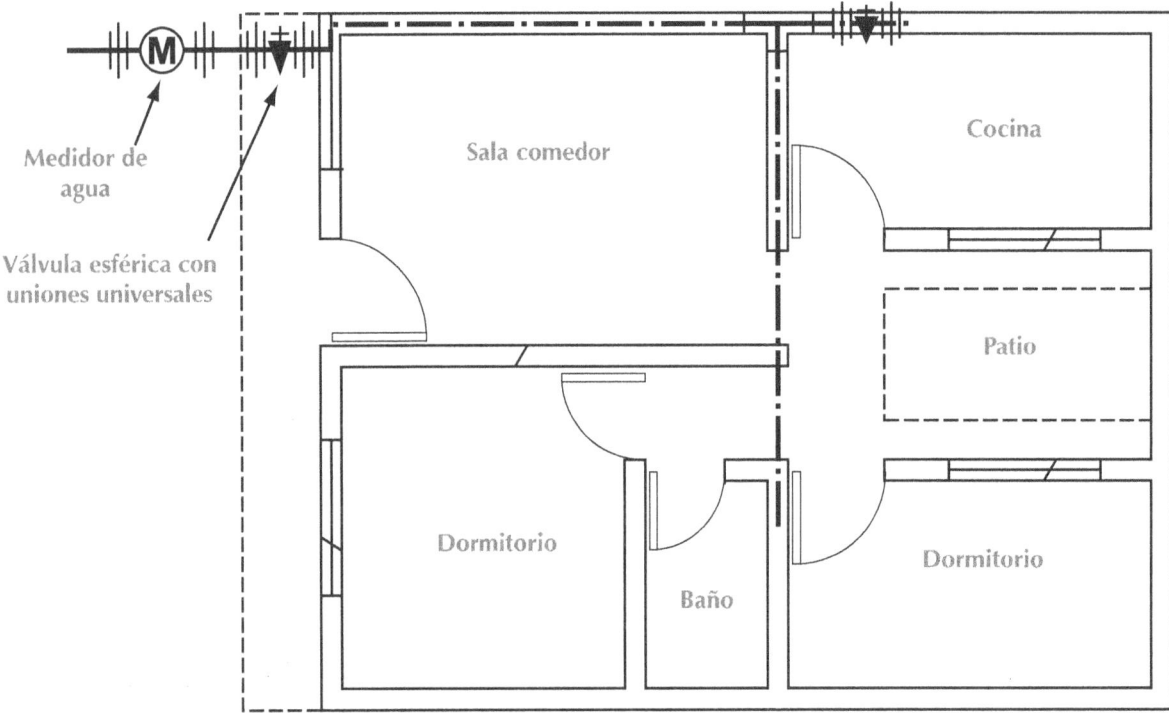

6. Conecta una válvula esférica a la tubería de PVC que llega al baño. Esta válvula debe tener uniones universales.

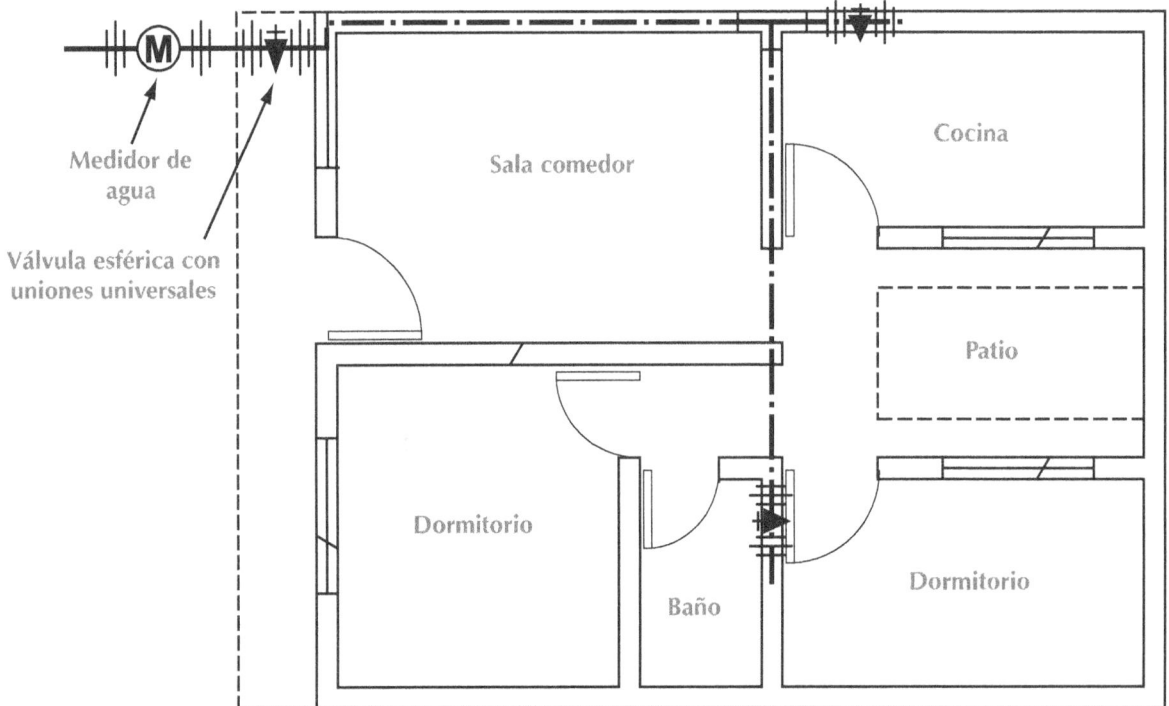

EVALUANDO MIS APRENDIZAJES

1. Observa el procedimiento número 6 y realiza la instalación práctica del sistema de abastecimiento directo de agua.

2. Describe los materiales y accesorios necesarios para realizar la instalación.

Materiales / accesorios	Cantidad

3. ¿Qué herramientas necesitas para el trabajo de instalación?

Sugerencias metodológicas:

- Muestra un esquema o gráfico de instalación de un sistema de abastecimiento directo de agua.

- Pide a los estudiantes que mencionen si han observado este tipo instalación en algún lugar de la zona donde viven.

- Motiva el análisis del sistema de instalación directo determinando ventajas y desventajas.

Sistema indirecto de abastecimiento de agua

Propósito:

Conocer la forma de instalar un sistema de abastecimiento indirecto de agua en una vivienda.

La característica principal del sistema indirecto de abastecimiento de agua es que el agua no llega en forma directa a los puntos de salida de cada ambiente o aparato sanitario de la vivienda, sino que es almacenada en una cisterna o un tanque alto y luego se distribuye a toda la vivienda.

Este tipo de sistema generalmente se instala en zonas donde la presión de agua de la red pública no es suficiente para abastecer de agua a una vivienda de dos o tres pisos, o cuando en la zona racionan el agua y es necesario tenerla almacenada para utilizarla cuando sea necesario. También es muy empleado en edificios comerciales, hoteles, edificios con departamentos para viviendas o multiviviendas.

El tanque alto se debe instalar en una base de concreto del mismo ancho que el diámetro del tanque para darle mayor estabilidad y seguridad.

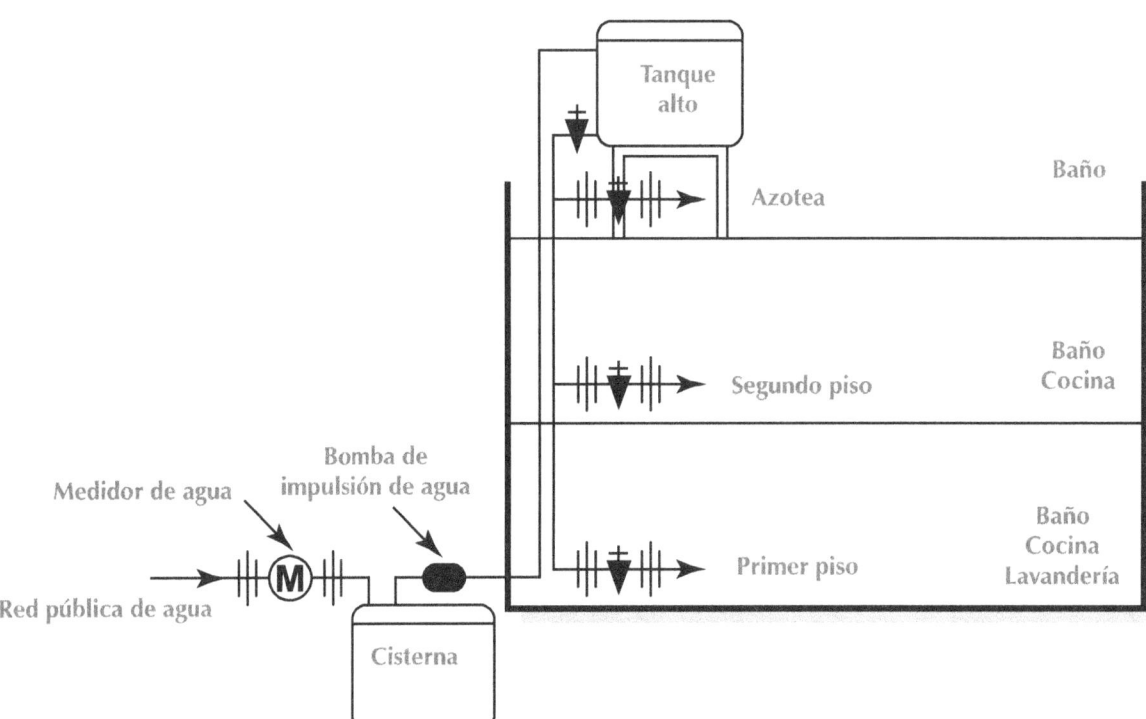

Sistema de abastecimiento de agua en forma indirecta

24

En un sistema de abastecimiento indirecto, el agua es almacenada en una cisterna y, después, mediante una bomba de impulsión pasa a un tanque alto ubicado en la parte superior de la vivienda; desde el tanque se realiza la distribución del agua hacia los diferentes aparatos y/o ambientes de la vivienda.

En el gráfico se observa la instalación en forma esquemática.

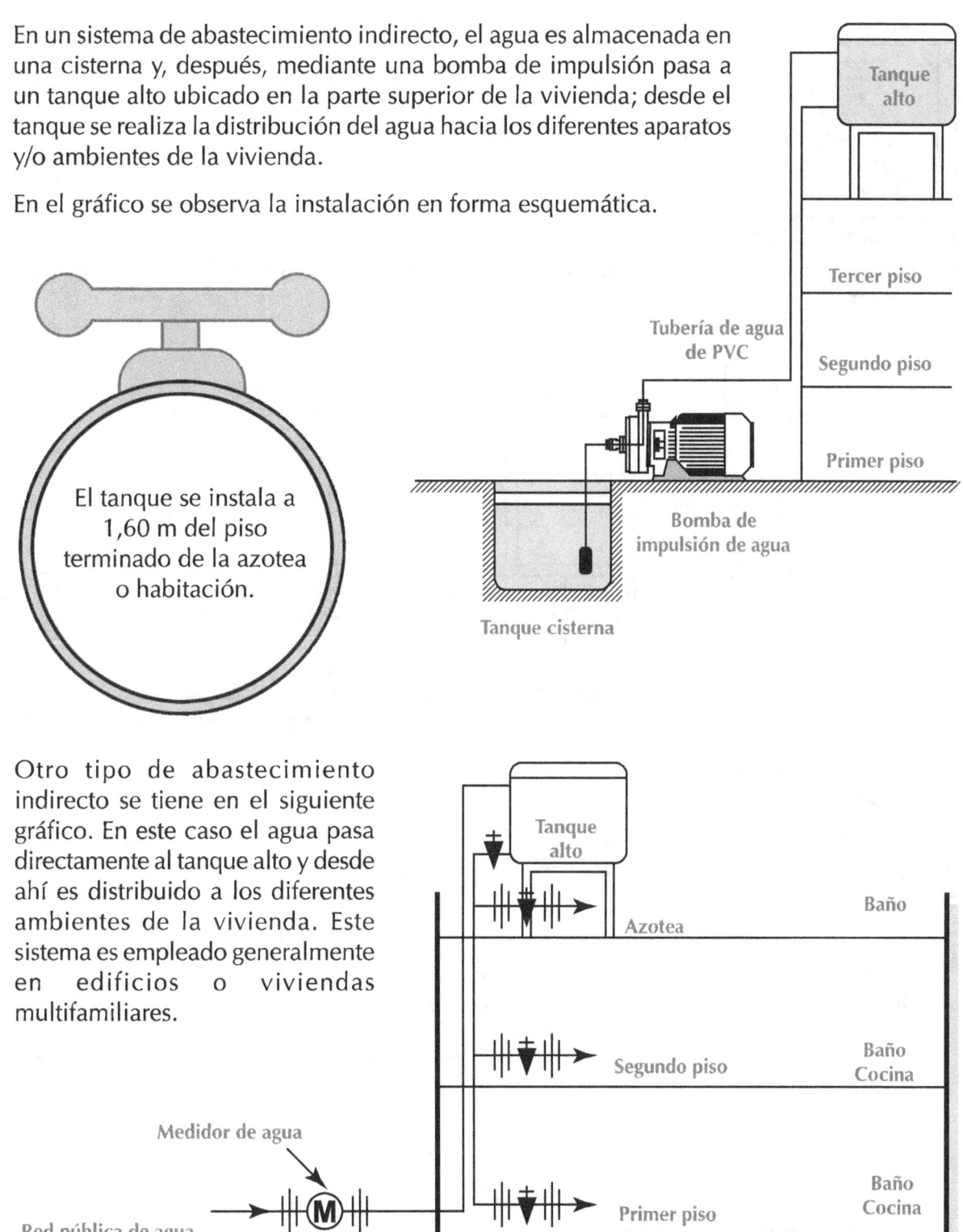

El tanque se instala a 1,60 m del piso terminado de la azotea o habitación.

Tubería de agua de PVC

Tercer piso

Segundo piso

Primer piso

Bomba de impulsión de agua

Tanque cisterna

Otro tipo de abastecimiento indirecto se tiene en el siguiente gráfico. En este caso el agua pasa directamente al tanque alto y desde ahí es distribuido a los diferentes ambientes de la vivienda. Este sistema es empleado generalmente en edificios o viviendas multifamiliares.

Tanque alto

Baño

Azotea

Segundo piso

Baño Cocina

Medidor de agua

Baño Cocina

Red pública de agua

Primer piso

Sistema de abastecimiento de agua en forma indirecta

La desventaja principal de este sistema es que, si el agua de la red pública no mantiene una presión permanente y no abastece de agua en forma constante al tanque alto, los usuarios o personas que habitan la vivienda pueden quedarse sin agua.

Este sistema no se podría emplear en zonas donde la presión de agua no es constante, pues el agua no tendría la suficiente fuerza para llenar el tanque alto.

ACTIVIDADES

◆ Representa la instalación simbólica del abastecimiento indirecto de agua a todos los ambientes de la siguiente vivienda.

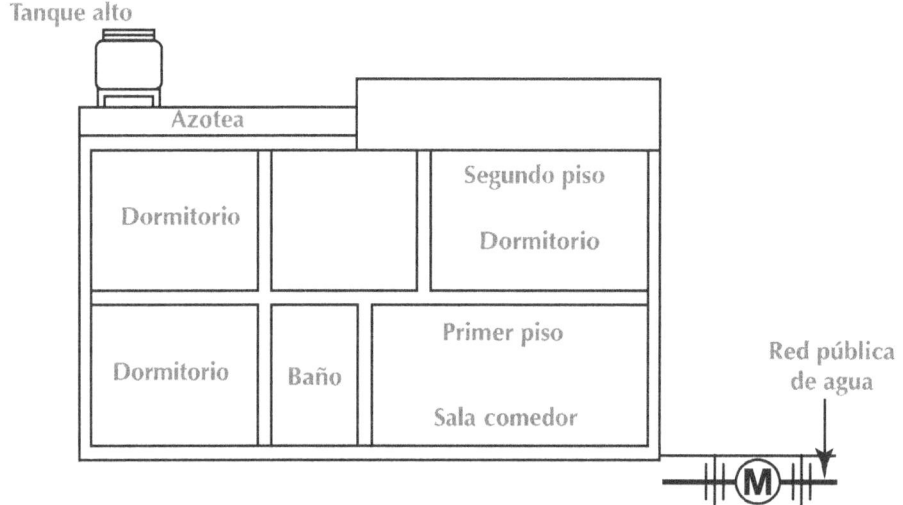

EVALUANDO MIS APRENDIZAJES

▪ Observa el gráfico anterior y describe el funcionamiento del abastecimiento de agua.

....

....

....

Instalación de un sistema indirecto de abastecimiento de agua

Propósito:

Conocer el procedimiento para instalar un sistema de abastecimiento de agua para una vivienda aplicando normas técnicas.

ACTIVIDADES

♦ **Instalación de un sistema de abastecimiento indirecto de agua para una vivienda:**

Herramientas:

■ Llave Stillson

■ Llave francesa

■ Arco de sierra

■ Wincha

Materiales:

■ 4 tubos de PVC de 1/2"

■ 7 codos de 90° de PVC de 1/2" - embone

■ 2 T de PVC de 1/2" - embone

■ 6 uniones universales de PVC de 1/2"

■ 4 válvulas esféricas de 1/2"

■ 1 válvula *check*

■ 8 niples de PVC de 1/2"

■ 8 adaptadores de 1/2"

■ 1 cinta de teflón

■ 1 soldadura o cemento de PVC

Procedimiento:

1. Observa el gráfico. Identifica la ubicación del medidor y el tanque alto.

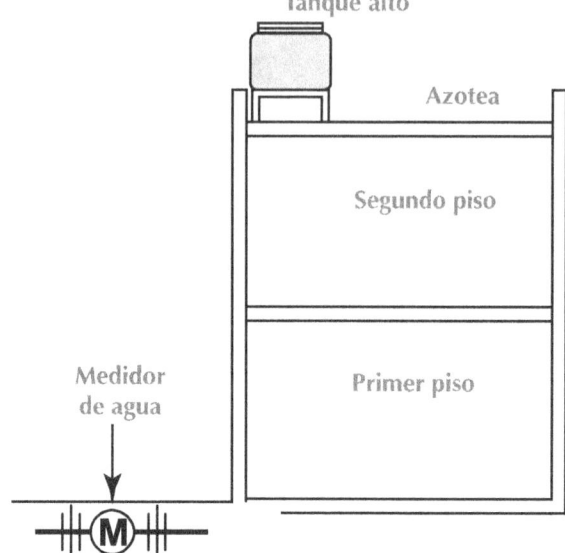

2. Instala una válvula esférica con uniones universales a la salida de agua del medidor.

Las uniones roscadas deben tener suficiente cinta de teflón para garantizar una buena unión y evitar filtraciones de agua.

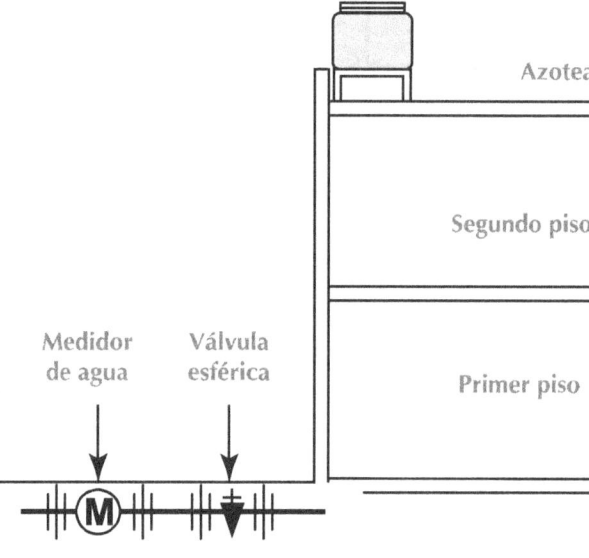

3. Coloca una válvula *check* después de la unión universal de la válvula esférica. La flecha de la válvula *check* debe estar en sentido contrario al medidor de agua.

28

4. Conecta un tubo de PVC de 1/2″ desde la salida de la unión universal de la válvula esférica hasta la entrada de agua del tanque alto (orificio superior).

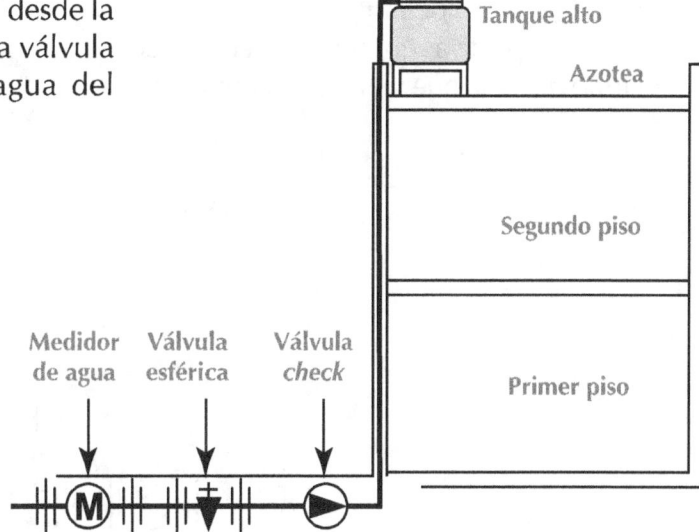

5. Coloca una válvula esférica a la salida de agua del tanque alto.

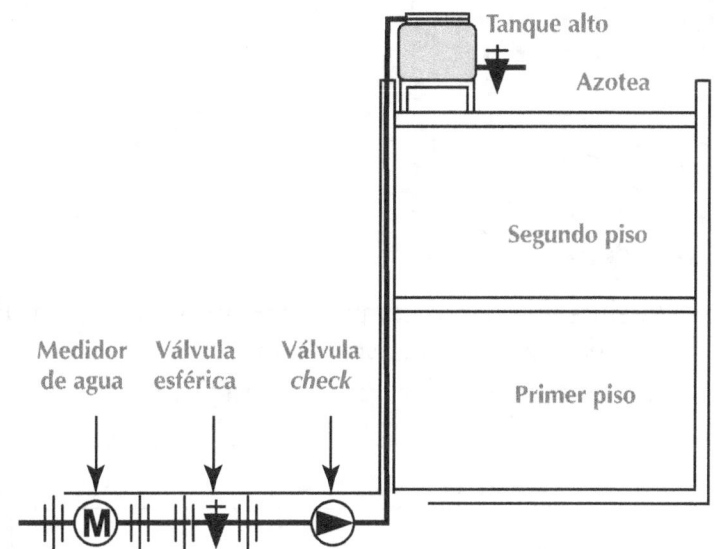

6. Conecta otro tubo de PVC de 1/2″ desde la salida de la válvula esférica hasta el segundo y primer piso.

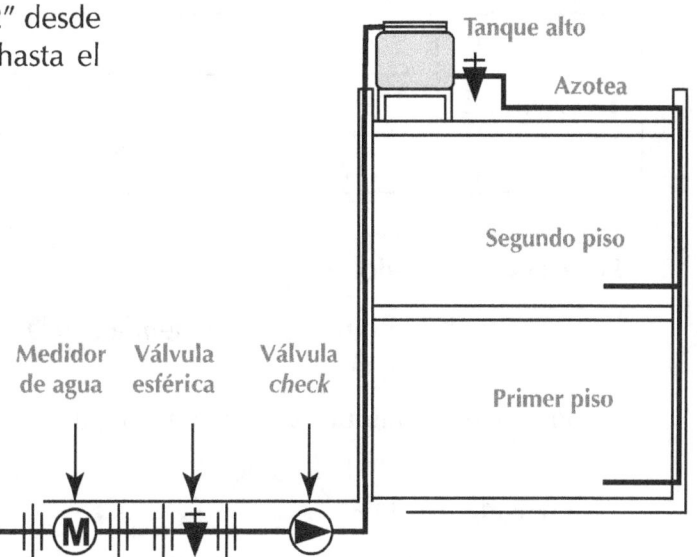

7. En cada piso coloca una válvula esférica con sus respectivas uniones universales en el tubo de agua que viene del tanque alto.

Tanque alto

Azotea

Segundo piso

Medidor de agua

Válvula esférica

Válvula *check*

Primer piso

EVALUANDO MIS APRENDIZAJES

■ Realiza un cuadro comparativo entre un sistema de abastecimiento de agua directo e indirecto y determina ventajas y desventajas.

	Sistema directo	Sistema indirecto
Ventajas		
Desventajas		

Sugerencias metodológicas:

■ Muestra una lámina de una vivienda con la instalación de un abastecimiento indirecto de agua.

■ Pide que identifiquen y comenten las partes más importantes de la instalación.

■ Realiza la actividad haciendo que los estudiantes grafiquen en el piso la vivienda a instalar.

Instalación de un tanque alto de agua

Propósito:

Conocer y realizar la instalación de un tanque alto en una vivienda.

Instalar un tanque alto es la solución más sencilla para almacenar agua en momentos en que el abastecimiento proveniente de la red pública se suspenda o se racione.

Los tanques también se pueden emplear para otro tipo de actividades como el regado de campos de cultivo, en el funcionamiento de los procesos industriales que emplean agua, los biohuertos, etc.

El tanque es un recipiente especial, que sirve para almacenar agua según las necesidades de las viviendas. Se denomina tanque alto cuando se instala en la parte superior de la vivienda.

Los tanques altos pueden ser de dos tipos: tanques prefabricados y tanques de concreto armado.

Tanques prefabricados

Son fabricados con plástico de PVC y en capacidades que van desde los 400 hasta los 2 500 litros de capacidad.

Son sencillos de instalar porque son livianos. Tienen una entrada de agua en la parte superior, una salida en la parte inferior y una tapa removible para realizar inspecciones o mantenimiento.

Tienen una salida de 2″ en la parte superior que se denomina rebose y está conectada al sistema de desagüe. Su función es evacuar el agua que sobrepasa el nivel máximo del tanque, cuando falla la válvula de llenado, y evitar que el agua se derrame al piso de la vivienda.

Para el control del nivel de agua llevan un sistema que permite cerrar el ingreso de agua una vez que el tanque se llene, y de la misma manera permite el ingreso de agua cuando el tanque esté vacío. Generalmente en la instalación de los tanques altos se emplea la válvula de llenado con flotador como mecanismo para controlar el ingreso del agua; en otros casos se pueden utilizar interruptores de nivel o interruptores automáticos que funcionan con corriente eléctrica.

Tanques de concreto armado

Estos tanques tienen mayor capacidad que los tanques prefabricados. Son consistentes pero requieren mayor trabajo para su construcción, la inversión económica es mayor a la de los otros tipos de tanques. Para su construcción se emplea concreto armado. Se instalan en edificios, departamentos o viviendas multifamiliares.

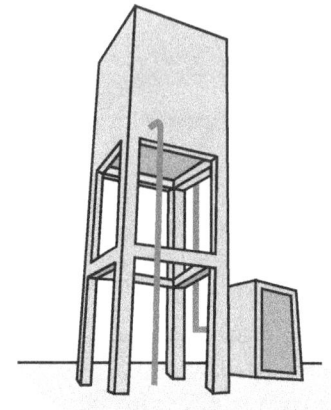

Los tanques de concreto armado de 400 a 1500 litros emplean mecanismos de control de agua similares a los de los tanques prefabricados, pero cuando se almacenan mayores cantidades de agua se recomienda utilizar interruptores automáticos de control de nivel.

Para familias de 4 personas en promedio, será suficiente un tanque de 400 ó 500 litros, mientras que para una familia de 6 personas a más sería recomendable uno de 1 000 litros o más.

ACTIVIDADES

◆ Instala el sistema de agua de un tanque alto de PVC:

Procedimiento:

1. Observa el tanque de PVC e identifica los orificios de ingreso y salida de agua y la salida del rebose.

2. Coloca la válvula de llenado en el orificio de la parte superior (entrada de agua).

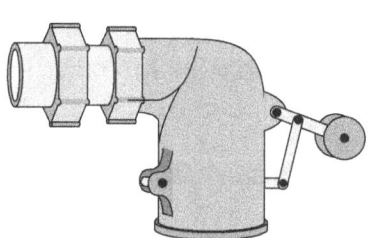

3. Asegura la tuerca de ajuste de la válvula de llenado a la entrada del tanque, coloca la varilla metálica al flotador y asegúralos en la válvula de entrada.

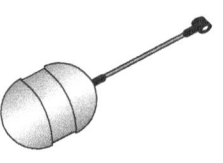

TANQUE DE AGUA

4. Coloca y asegura la conexión de salida de agua al orificio inferior del tanque (multiconector).

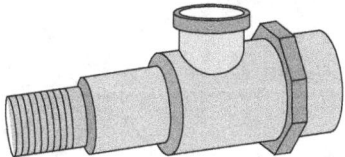

5. Conecta una válvula esférica a la salida de agua del tanque.

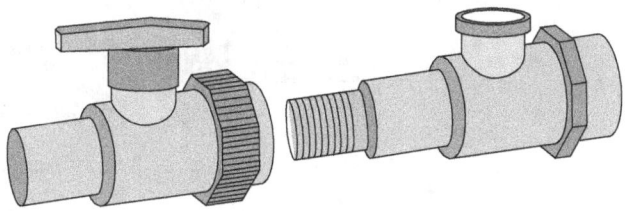

6. Empalma el tubo de abastecimiento de agua a la entrada de la válvula de llenado ubicada en la parte superior del tanque.

7. Regula el flotador de tal forma que no permita que sobrepase el nivel máximo del tanque.

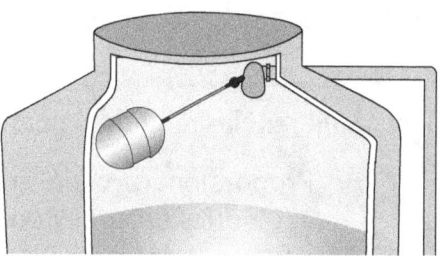

8. Conecta una trampa tipo P de 2″ a la salida de rebose del tanque y al tubo de desagüe de 2″.

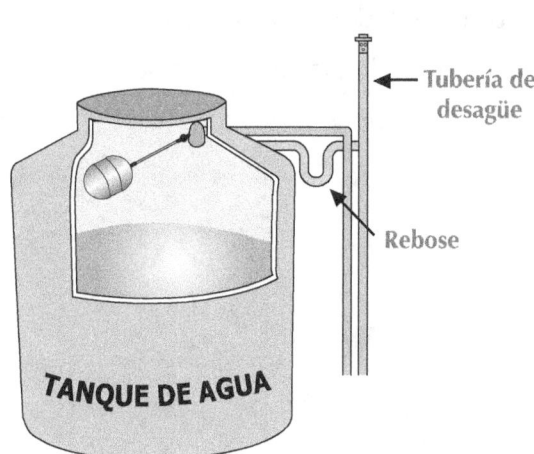

Se recomienda lavar el tanque cada 6 meses. Usa agua y cloro y emplea una escoba, escobilla y un trapo limpio de algodón.

9. Conecta el tubo de ventilación de agua a la válvula de salida (multiconector).

10. Verifica las conexiones antes de abastecer de agua al tanque.

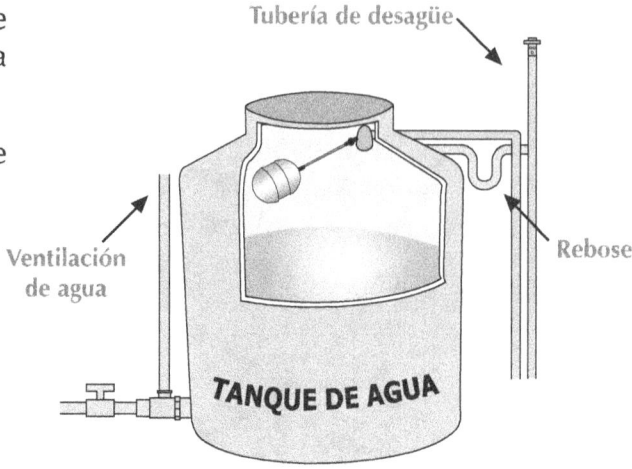

Tubería de desagüe

Ventilación de agua

Rebose

TANQUE DE AGUA

EVALUANDO MIS APRENDIZAJES

1. Redacta una proforma indicando los materiales y accesorios que se necesitan para instalar un tanque alto.

2. Busca dibujos, en periódicos y revistas, de tanques prefabricados y tanques de concreto. Señala los tipos, capacidades, usos recomendados, etc.

Sugerencias metodológicas:

- Proporciona a cada grupo de estudiantes un tanque alto de PVC y sus accesorios de conexión.

- Pide que identifiquen los accesorios y expliquen la forma de hacer la instalación del tanque alto.

- Los estudiantes realizan la práctica de instalación del tanque alto y evalúan si han seguido los procedimientos explicados en la sesión.

- Explica las normas de seguridad recomendadas para este tipo de instalación.

Instalación de un tanque cisterna de agua

Propósito:

Conocer y realizar la instalación del sistema de agua de un tanque cisterna en una vivienda.

Generalmente los tanque cisterna se colocan en el patio o en un lugar libre de la vivienda, van enterrados en el suelo y sólo dejan una pequeña abertura para retirar la tapa y realizar labores de inspección o mantenimiento.

Los tanque cisterna son de dos tipos: prefabricados y de concreto armado.

Tanque cisterna prefabricados

Los tanque cisterna son sencillos de instalar por ser el PVC un material fácil de manipular. Se fabrican en capacidades que van desde los 400 hasta los 2 500 litros.

Tienen la entrada y salida de agua en la parte superior y una tapa removible para hacer inspecciones o mantenimiento de las conexiones internas.

Su instalación se realiza en un espacio libre de la vivienda (patio o entrada). Se recomienda hacer una excavación de 30 cm más de la altura total del tanque cisterna. Se sugiere construir un cerco de protección de material noble para resguardarlo de la presión externa del suelo.

Otra forma de instalar los tanque cisterna es realizar una excavación, colocar el tanque de tal forma que no sobrepase el nivel del piso, llenarlo de agua y echar concreto armado alrededor de él. La desventaja de esta instalación es que el tanque queda empotrado al suelo.

Tanque cisterna de concreto armado

Los tanque cisterna de concreto armado tienen las paredes internas revestidas de cemento pulido. Son de mayor capacidad que los tanques prefabricados, pero el costo de su construcción es mayor. Se construyen de capacidades mayores a los 500 litros.

Ambos tipos de tanque cisterna emplean una válvula de llenado con flotador como mecanismo de control de agua, pero si se almacenan grandes cantidades de agua se recomienda utilizar interruptores automáticos de control de nivel.

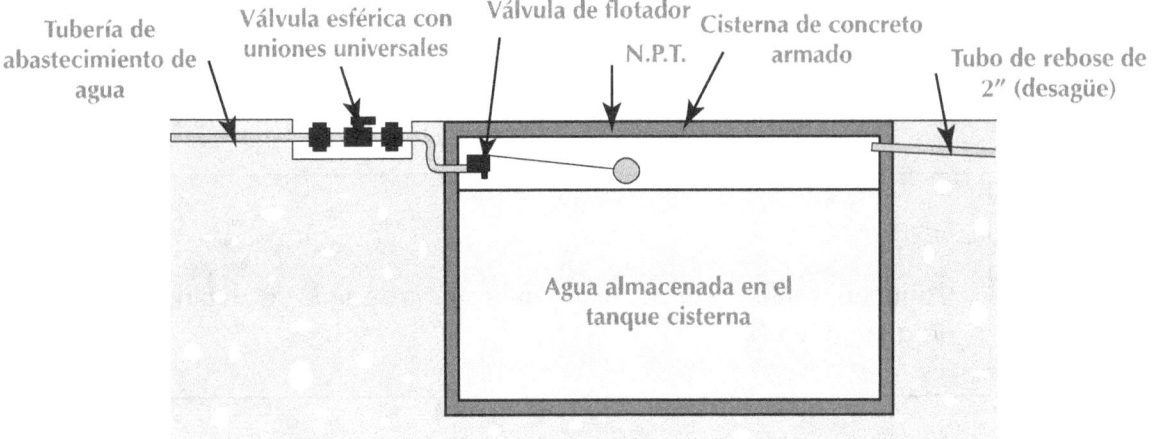

Tubería de abastecimiento de agua · Válvula esférica con uniones universales · Válvula de flotador N.P.T. · Cisterna de concreto armado · Tubo de rebose de 2" (desagüe) · Agua almacenada en el tanque cisterna

En los edificios, los tanque cisterna y los tanques altos trabajan en forma simultánea, se utiliza una bomba de impulsión para llevar agua desde la cisterna hasta el tanque alto.

En la instalación del sistema de agua de un tanque cisterna se pueden identificar las siguientes partes:

a) **Tubería de abastecimiento de agua**, que debe tener una válvula esférica con dos uniones universales cerca del tanque cisterna. Esta válvula permite cortar el ingreso de agua cuando se requiera.

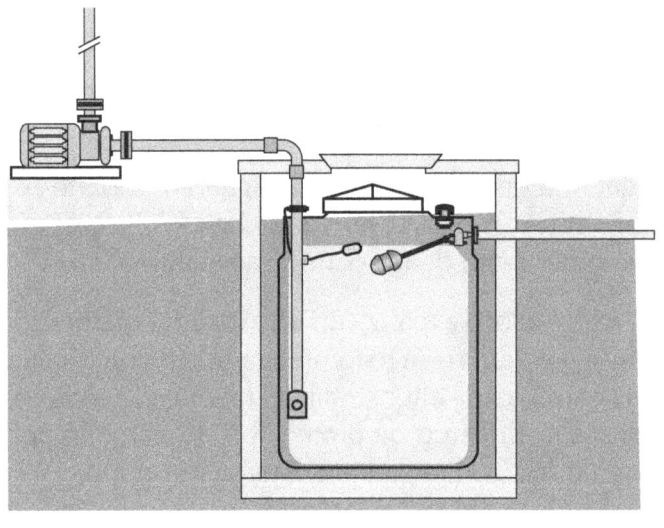

b) **Tubería de succión de la bomba de impulsión**, sirve para extraer el agua del tanque cisterna. El diámetro de esta tubería será igual al de toda la instalación. Lleva en el extremo una válvula de pie, especie de rejilla que deja pasar sólo agua.

c) **Tubería de rebose**, conexión de tubos de PVC de 2" unida al sistema de desagüe. Tiene como función principal evacuar el agua que sobrepasa el nivel máximo de la capacidad del tanque cisterna.

Las fallas más comunes que presenta un tanque cisterna son:

- Obstrucción en la válvula de llenado. Con el paso del tiempo esta válvula se llena de sarro y se obstruye, ocasionando que no se llene el tanque con la rapidez necesaria. Para superar esta situación se recomienda revisar o cambiar la válvula.

- Válvula de flotador descalibrada. Por el funcionamiento constante del tanque puede ocurrir que la válvula no controle el nivel del agua y se produzca fuga de agua por el rebose, causando registros de consumo excesivos en perjuicio de la economía familiar. Se recomienda calibrar la válvula del flotador o reemplazarla según sea el caso.

ACTIVIDADES

◆ **Instalación de un tanque cisterna de PVC:**

Procedimiento:

1. Observa detenidamente el tanque cisterna de PVC e identifica los orificios de ingreso y salida de agua y la salida del rebose.

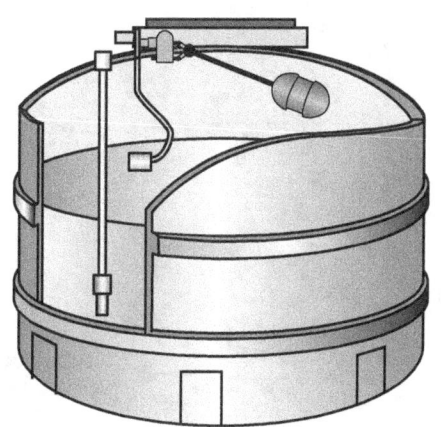

Las paredes internas del tanque cisterna, igual que en los tanques altos, se lavan con agua y cloro o agua y lejía; luego, se enjuagan con abundante agua.

2. Coloca la válvula de llenado en el orificio de la parte superior.

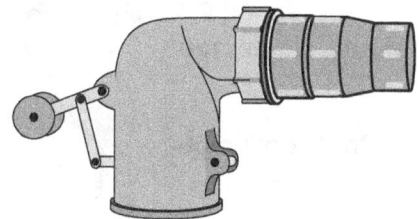

3. Asegura la tuerca de ajuste de la válvula de llenado a la entrada del tanque.

4. Introduce el flotador a la válvula de llenado.

5. Regula el flotador para que el agua no sobrepase el nivel máximo del tanque cisterna.

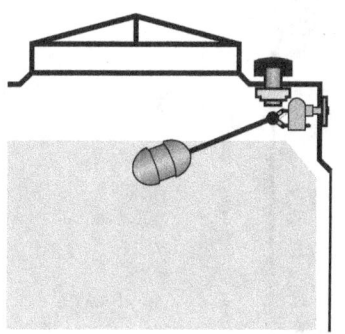

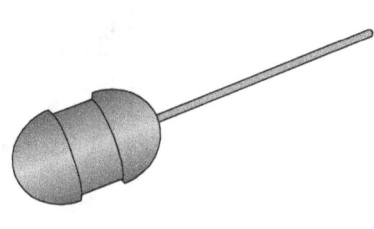

6. Coloca la válvula de pie a la tubería de succión de agua.

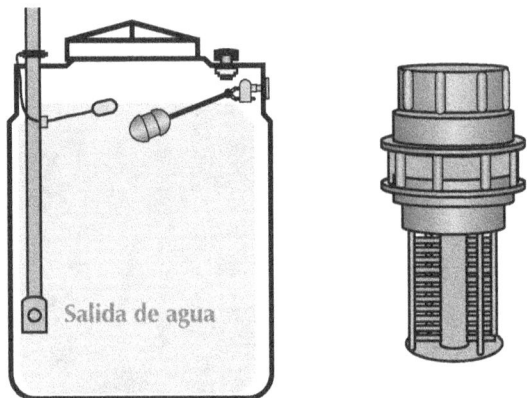

7. Empalma el tubo de abastecimiento de agua a la válvula de llenado.

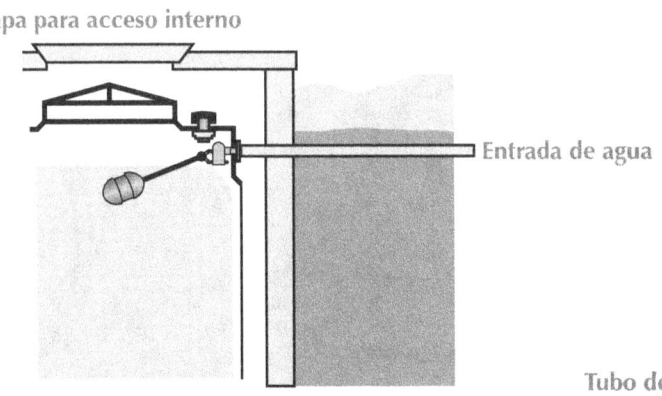

8. Conecta una trampa tipo P de 2" a la salida del rebose del tanque cisterna.

9. Une la salida de la trampa tipo P al tubo de desagüe de 2".

10. Conecta el tubo de ventilación a la entrada del tanque cisterna.

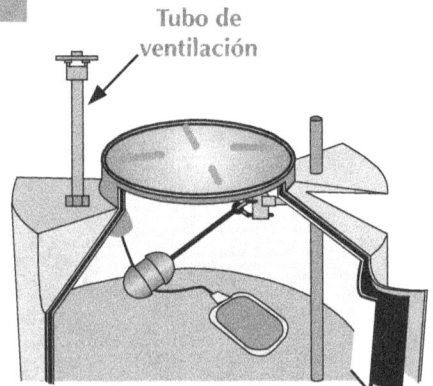

11. Abre la válvula de ingreso de agua para verificar el funcionamiento.

12. Para extraer el agua del tanque cisterna se emplea una bomba de impulsión eléctrica, equipo que en las siguientes sesiones te indicaremos cómo instalar.

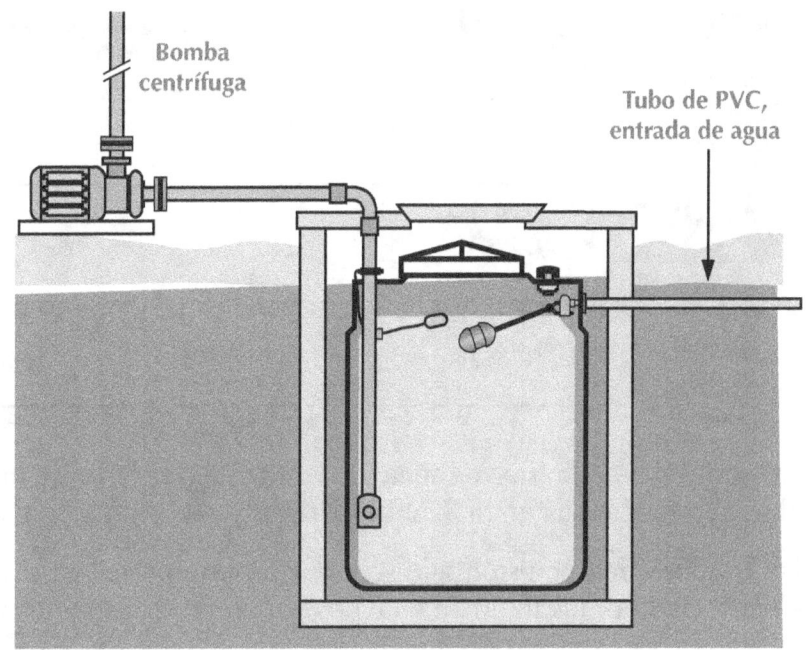

 **EVALUANDO MIS APRENDIZAJES**

1. Elabora una lista de accesorios y materiales necesarios para realizar la instalación.

Accesorios	Cantidad		Materiales	Cantidad

2. Indica qué herramientas serán indispensables para realizar el trabajo.

Herramientas					

3. Instala en forma práctica un tanque cisterna de PVC.

Sugerencias metodológicas:

■ Narra una experiencia de instalación de un tanque alto resaltando las posibles fallas que se pueden presentar.

■ Promueve el trabajo cooperativo para la ejecución de la actividad.

■ Planifica el tiempo para que los estudiantes intercambien los resultados de la evaluación.

Bombas de impulsión de agua

Propósito:

Conocer e identificar las partes y funciones de una bomba de impulsión de agua.

Las bombas de impulsión de agua son equipos eléctricos cuya función principal es "bombear" el agua almacenada en un tanque cisterna y derivarla a un tanque alto.

Las bombas de impulsión que se emplean en una vivienda generalmente funcionan con electricidad porque internamente poseen un motor monofásico de 220 voltios.

Entre las partes principales de las bombas de impulsión de agua tenemos:

a) Entrada de agua.

Es una abertura circular de 1″ generalmente. Está ubicada en la parte frontal al eje de la bomba de impulsión. Sirve para conectar la tubería de succión que se coloca dentro del tanque cisterna.

b) Salida de agua.

Es una abertura circular de 1″ de diámetro ubicada en la parte superior y contigua a la entrada de agua de la bomba de impulsión. En esta abertura se conecta la tubería de impulsión que conducirá el agua hacia el tanque alto.

c) Carcasa.

Es una estructura metálica de fierro fundido que protege el motor y permite su anclaje a la base de la caseta donde se instalará.

d) Motor.

Funciona con corriente eléctrica y permite la impulsión del agua. Algunos modelos tienen un interruptor térmico (salvamotor) que lo protege contra la sobrecarga de electricidad o el incremento excesivo de temperatura por su funcionamiento.

e) Tapón de cebado.

Es una tapa que permite "cebar" el motor antes de hacerlo funcionar. El proceso de cebar consiste en echar un poco de agua para que el motor pueda succionar con facilidad el agua de la cisterna y bombearla.

Tanque alto

Tanque de abastecimiento de agua

Bomba de impulsión

Entrada de agua

Tanque cisterna

40

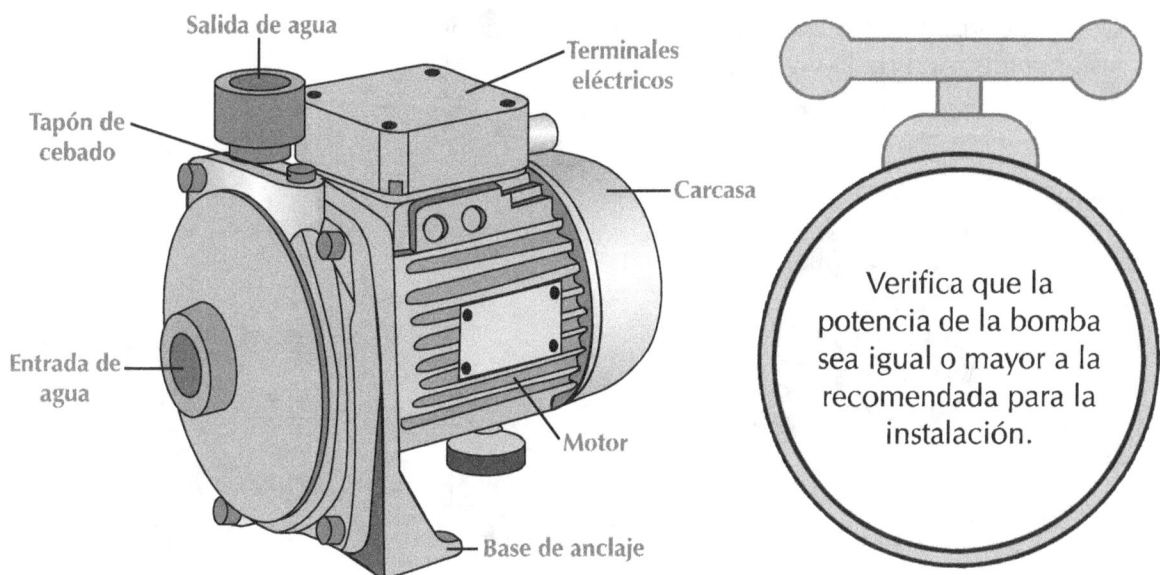

Salida de agua

Tapón de cebado

Entrada de agua

Terminales eléctricos

Carcasa

Motor

Base de anclaje

Verifica que la potencia de la bomba sea igual o mayor a la recomendada para la instalación.

f) Terminales eléctricos.

Son los terminales del motor de la bomba de impulsión y se encuentran dentro de un receptáculo en la parte superior de la bomba. Se deben empalmar al abastecimiento eléctrico de la vivienda (220 V).

Las bombas de impulsión para una vivienda pueden ser de 0,25 HP hasta 1,4 HP. Si se emplea una bomba de impulsión de 1,4 HP, ésta podrá bombear el agua hasta un máximo de 2 pisos y, si es de 0,5 HP, la capacidad de impulsión será para tres pisos.

La fuerza de impulsión de una bomba se mide en HP (Horse Power), que significa "caballos de fuerza". Esta unidad está estandarizada de tal forma que cuando se quiere comprar una bomba de impulsión hay que mencionar de cuántos HP se requiere.

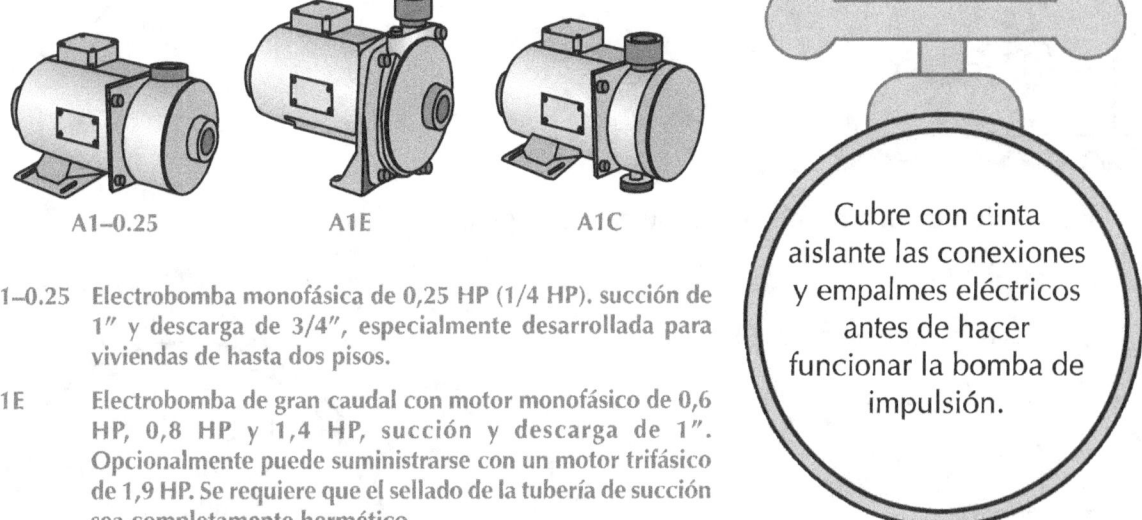

A1–0.25   A1E   A1C

Cubre con cinta aislante las conexiones y empalmes eléctricos antes de hacer funcionar la bomba de impulsión.

A1–0.25   Electrobomba monofásica de 0,25 HP (1/4 HP). succión de 1″ y descarga de 3/4″, especialmente desarrollada para viviendas de hasta dos pisos.

A1E   Electrobomba de gran caudal con motor monofásico de 0,6 HP, 0,8 HP y 1,4 HP, succión y descarga de 1″. Opcionalmente puede suministrarse con un motor trifásico de 1,9 HP. Se requiere que el sellado de la tubería de succión sea completamente hermético.

A1C   Electrobomba con motor monofásico de 0,6 HP, 0,8 HP y 1,4 HP, succión y descarga de 1″, es decir, puede bombear agua incluso con una ligera filtración de aire en la tubería de succión.

La instalación eléctrica de una bomba de impulsión es muy sencilla, se emplean dos alambres rígidos Nº 14, si la distancia de la alimentación eléctrica hasta la bomba no sobrepasa los 15 m; si la distancia es mayor, es recomendable emplear alambres Nº 12.

Conviene instalar una llave térmica de 10 amperios, que debe ser independiente del sistema eléctrico de la vivienda.

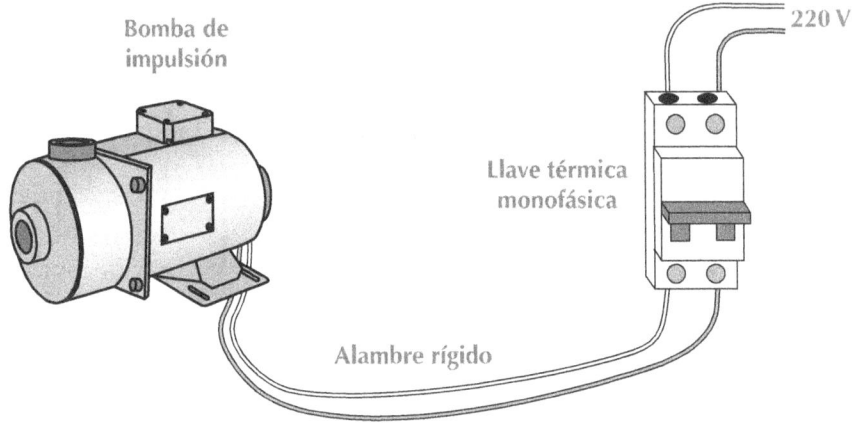

Bomba de impulsión

220 V

Llave térmica monofásica

Alambre rígido

Las fallas más comunes que presentan las bombas de impulsión son:

- La bomba de impulsión no arranca. Puede existir una mala conexión eléctrica o el voltaje de alimentación (220 V) es muy bajo.

- La bomba no impulsa el agua. Retira el tapón de cebado y echa agua hasta que rebalse, tapa nuevamente y arranca el motor otra vez. Repite este procedimiento hasta hacerlo funcionar.

- El motor calienta en exceso. Es posible que la bomba no es la adecuada para el tipo de cisterna. Debes utilizar una bomba de mayor potencia.

ACTIVIDADES

◆ **Instalación de una bomba de impulsión de agua:**

Herramientas:

- Llave Stillson

- Llave francesa

- Arco de sierra

- Wincha

Materiales:

- Tubos de PVC de 1/2"

- 3 codos de 90° de PVC de 1/2" a embone

- 1 T de PVC de 1/2" a embone

La bomba de impulsión debe ser instalada en una cabina segura y con puerta para evitar la humedad del medio ambiente.

- 1 válvula esférica de 1/2"

- 1 válvula de pie

- 6 niples de PVC de 1/2"

- 2 adaptadores de 1/2"

- 1 cinta de teflón

- 1 soldadura o cemento de PVC

- 1 válvula *check*

Procedimiento:

1. Observa el esquema de instalación de la bomba de impulsión e identifica la instalación.

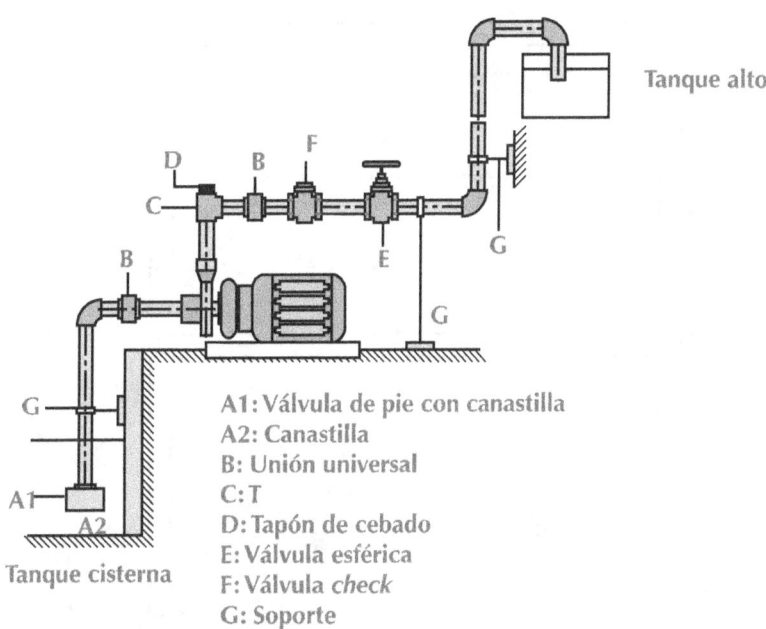

A1: Válvula de pie con canastilla
A2: Canastilla
B: Unión universal
C: T
D: Tapón de cebado
E: Válvula esférica
F: Válvula *check*
G: Soporte

Tanque alto

Tanque cisterna

2. Verifica los materiales y accesorios necesarios para la instalación.

3. Asegura la bomba de impulsión a una base de madera.

4. Coloca la bomba de impulsión cerca de la tapa de la cisterna. El lugar tiene que estar seco y seguro.

5. Realiza las conexiones de las tuberías según el esquema.

6. Las uniones con rosca deben quedar selladas con cinta de teflón o formador de empaquetadura.

7. Las uniones a embone son soldadas con cemento o pegamento de PVC.

8. Finalizada la conexión de agua, conecta el sistema eléctrico de la bomba de impulsión.

9. Retira la tapa del cebador y echa un poco de agua antes de hacer funcionar la bomba de impulsión.

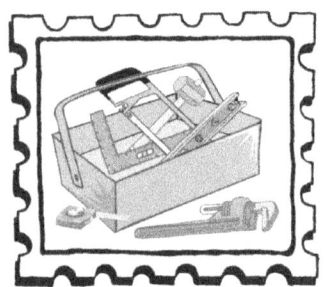

EVALUANDO MIS APRENDIZAJES

■ Observa el gráfico y completa la instalación de la bomba de impulsión.

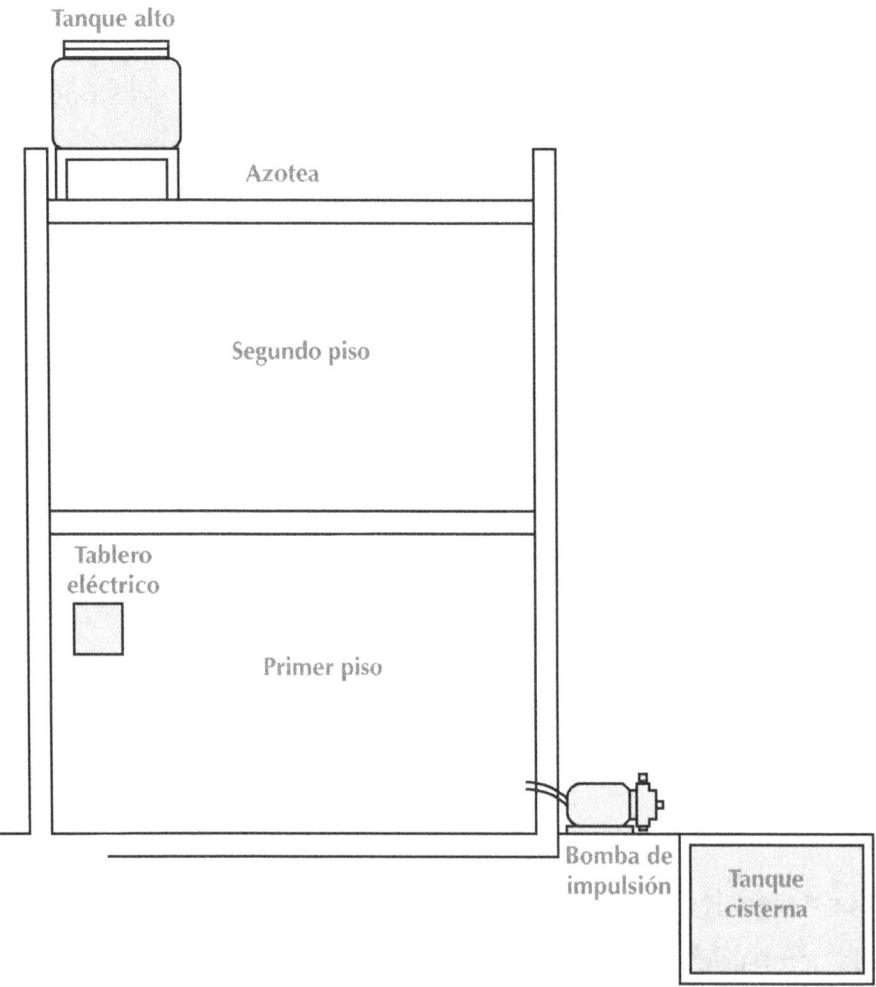

Tanque alto

Azotea

Segundo piso

Tablero eléctrico

Primer piso

Bomba de impulsión

Tanque cisterna

Sugerencias metodológicas:

■ Muestra una bomba de impulsión para que los estudiantes reconozcan sus partes principales.

■ Pide que mencionen y comenten si han observado la instalación de una bomba de impulsión en algún lugar.

■ Evalúa los procesos que ejecutan los estudiantes en la práctica de instalación.

■ Menciona las normas de seguridad recomendadas para este tipo de instalación.

Sistema mixto de abastecimiento de agua para vivienda

Propósito:

Conocer e instalar un sistema mixto de abastecimiento de agua para una vivienda multifamiliar.

Es un sistema práctico y funcional que permite:

- Contar con agua en forma directa de la red pública.

- Emplear el agua almacenada en el tanque alto cuando sea necesario.

La ventaja de este sistema es que, empleando un mismo tubo de PVC, permite subir el agua de la red pública hasta el tanque alto y bajar el agua del tanque a los diferentes ambientes de la vivienda. Para realizar su función requiere emplear las válvulas de retención, llamadas *check* de manera apropiada.

Observa el gráfico y notarás lo simple de la instalación. Las válvulas *check* tienen un papel importante en el funcionamiento del sistema.

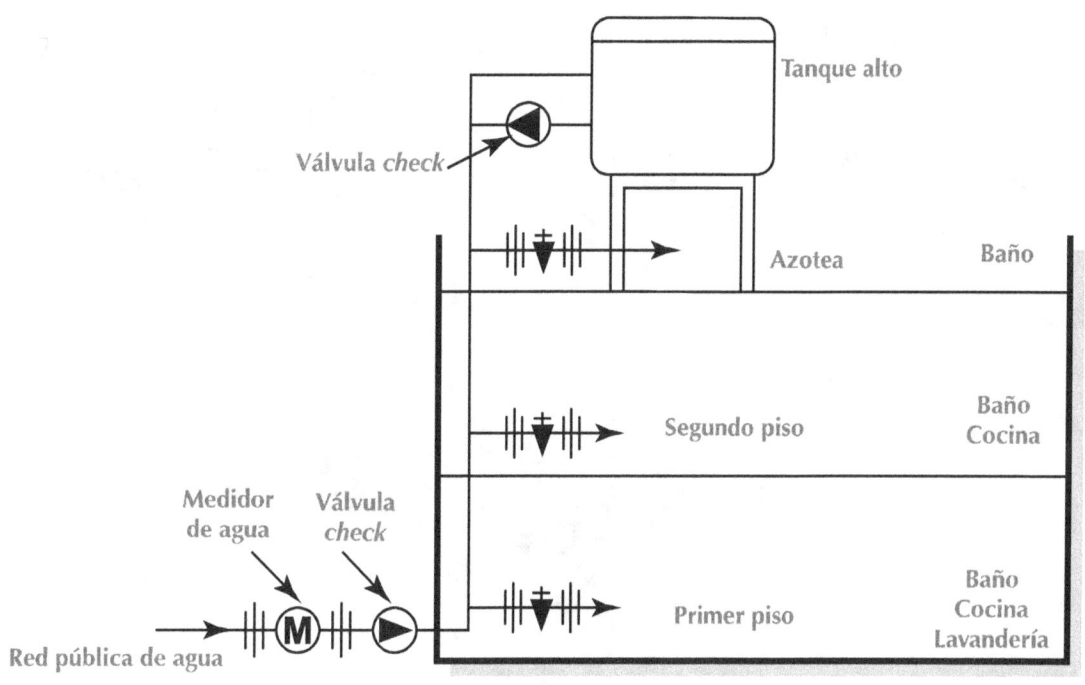

Sistema de abastecimiento de agua en forma mixta

Si observas la tubería de abastecimiento de agua que llega de la red pública, comprobarás que distribuye el agua a todos los pisos y aparatos sanitarios de la vivienda. El tanque recibe el agua y la válvula de flotador permite el ingreso del agua hasta llenarlo. Si por alguna razón se suspende el servicio directo de agua, los aparatos sanitarios consumen el agua almacenada en el tanque alto empleando la misma tubería de agua sin necesidad de instalar una tubería especial.

Válvula de retención *check*

Es un tipo de válvula que permite el paso del agua en un solo sentido. El sentido del agua viene indicado con una flecha marcada en la parte exterior de este accesorio.

La válvula tiene internamente un disco móvil que se abre o se cierra de acuerdo a la dirección en que circula el agua.

Este tipo de válvula se emplea para evitar que el agua del tanque regrese a la red pública o para dirigir la distribución de agua hacia la vivienda.

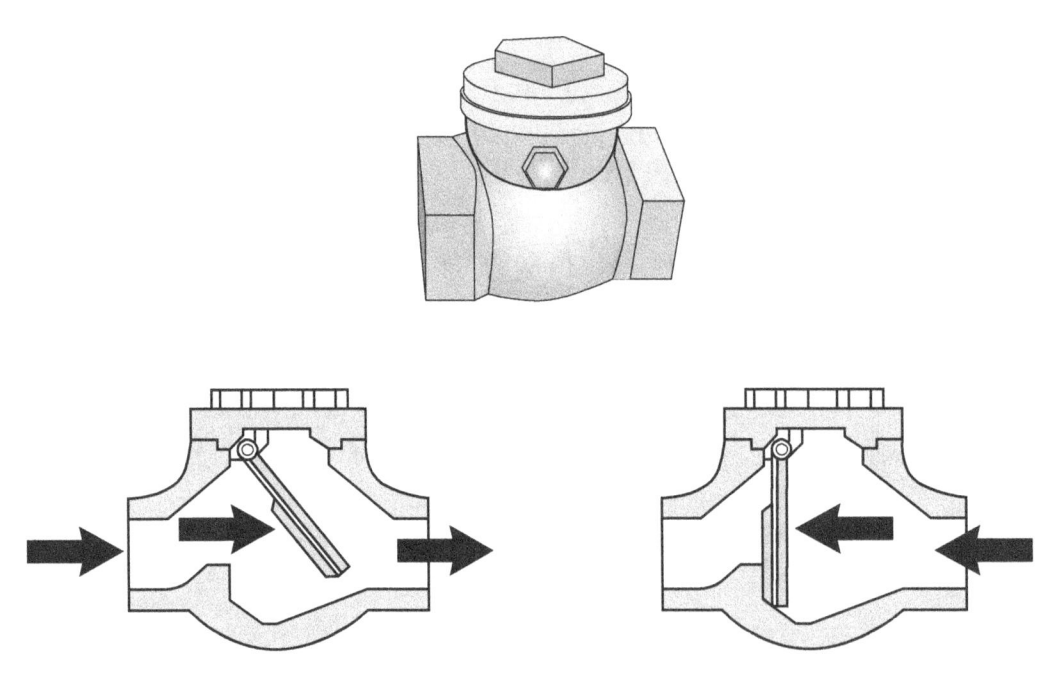

La válvula *check* conduce agua   La válvula *check* no conduce agua

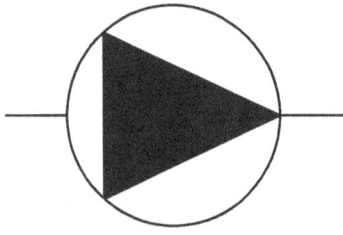

Símbolo de la válvula *check*

ACTIVIDADES

◆ Observa los gráficos siguientes y realiza la instalación simbólica de un sistema mixto de abastecimiento de agua.

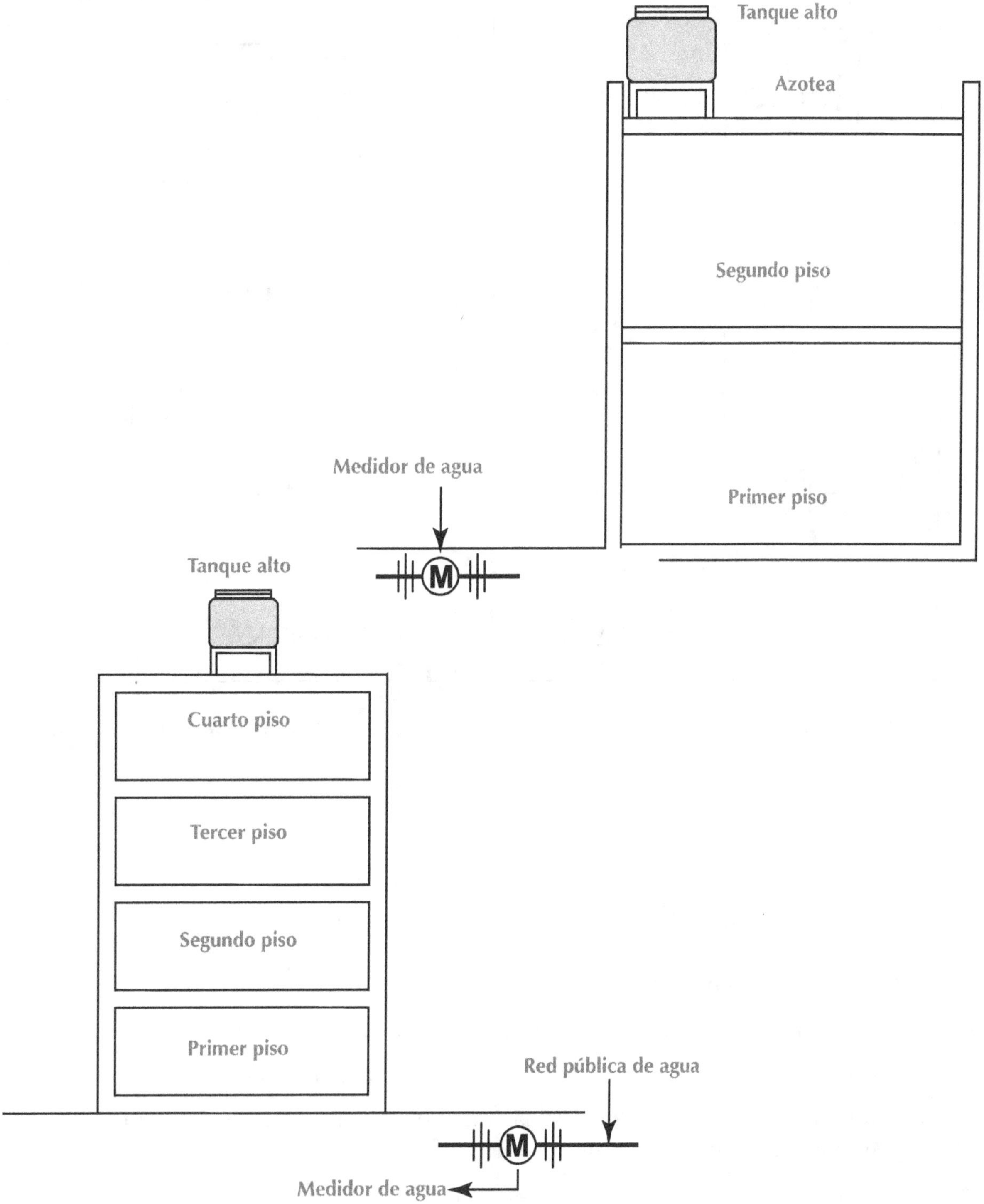

Tanque alto

Azotea

Segundo piso

Primer piso

Medidor de agua

Tanque alto

Cuarto piso

Tercer piso

Segundo piso

Primer piso

Red pública de agua

Medidor de agua

■ Observa los dos modelos de instalación y determina qué fallas pueden presentar en la distribución del agua.

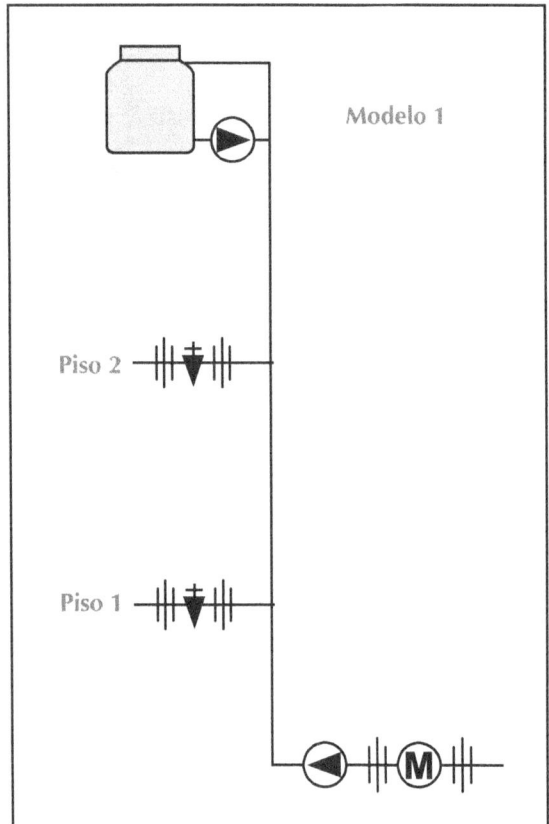

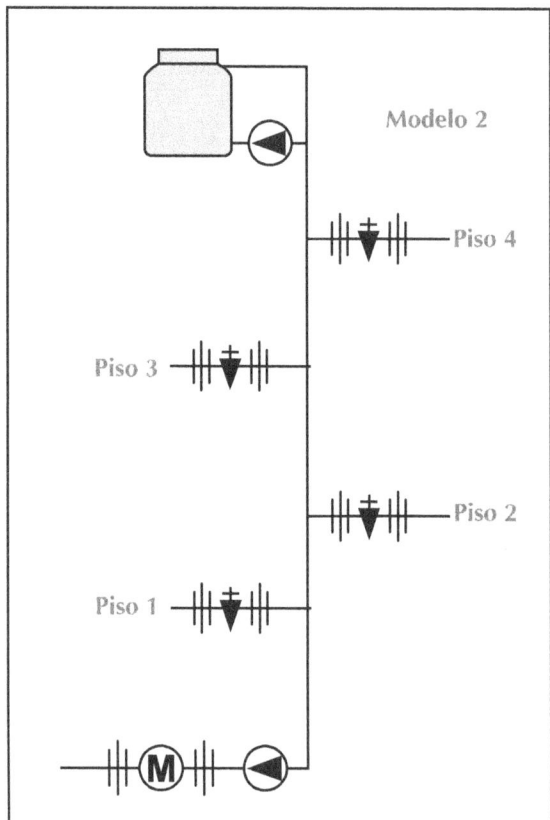

Modelo 1 ....

....

Modelo 2 ....

....

Sugerencias metodológicas:

■ Cada grupo debe exponer y explicar la instalación de la actividad.

■ Anota las ideas principales de cada grupo y refuerza contenidos.

■ Realiza las actividades de evaluación y planifica un tiempo para que los estudiantes intercambien sus respuestas.

Práctica de instalación de un sistema mixto de abastecimiento de agua

Propósito:

Conocer, identificar y realizar la instalación práctica del sistema mixto de abastecimiento de agua en una vivienda.

ACTIVIDADES

◆ **Instalación de un sistema mixto de abastecimiento de agua:**

Herramientas:

- Llave Stillson
- Llave francesa
- Arco de sierra
- Wincha

Materiales:

- 1 tubo de PVC de 1/2"
- 1 tanque alto de PVC
- 1 juego de accesorios para tanque de PVC
- 2 codos de 90° de PVC de 1/2" a embone
- 3 T de PVC de 1/2" a embone
- 8 uniones universales de PVC de 1/2"
- 4 válvulas esféricas de 1/2"
- 2 válvulas *check* de 1/2"
- 8 niples de PVC de 1/2"
- 8 adaptadores de 1/2"
- 1 cinta de teflón
- 1 soldadura o cemento de PVC

Procedimiento:

1. Observa el esquema de instalación e identifica los accesorios y materiales a utilizar.

2. Ubica el tanque alto en el techo. Debes escoger un lugar de fácil acceso y seguro.

3. Realiza la instalación de los accesorios internos del tanque alto. La distancia entre las válvulas esféricas de cada piso debe ser aproximadamente de 1m.

4. En las uniones con rosca emplea cinta de teflón y, en la de embone, pegamento o cemento de PVC.

5. Terminada la instalación de las tuberías de abastecimiento de agua, verifica que las uniones estén bien selladas.

6. Abre el abastecimiento de agua. Observa que el agua llene el tanque alto e ingrese a cada piso en forma directa.

7. Una vez que el tanque esté lleno, desconecta el abastecimiento de agua.

8. Retira la válvula esférica principal dejando libre el tubo.

9. Observa que el agua de las tuberías y del tanque alto no regrese. Con esto compruebas que la válvula *check* ha sido conectada correctamente.

10. Abre las válvulas esféricas de cada piso. Comprueba si el agua que sale es del tanque alto.

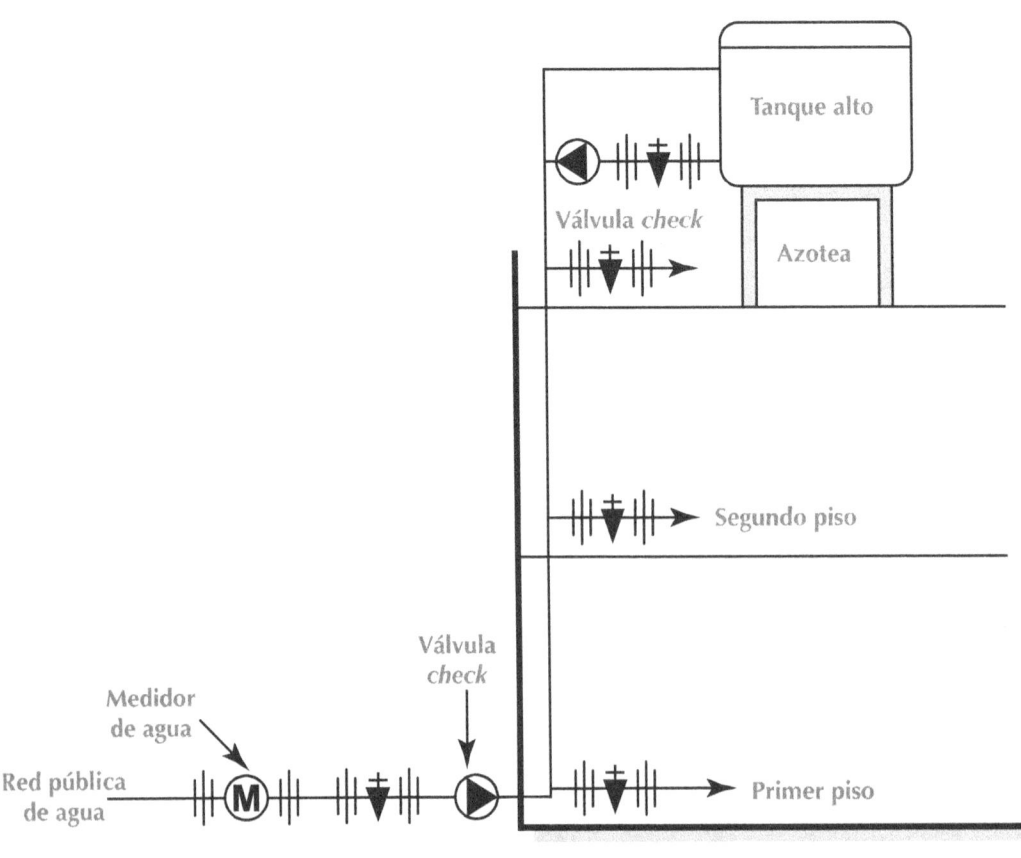

EVALUANDO MIS APRENDIZAJES

■ Observa cada caso y explica qué puede ocurrir en la instalación de agua.

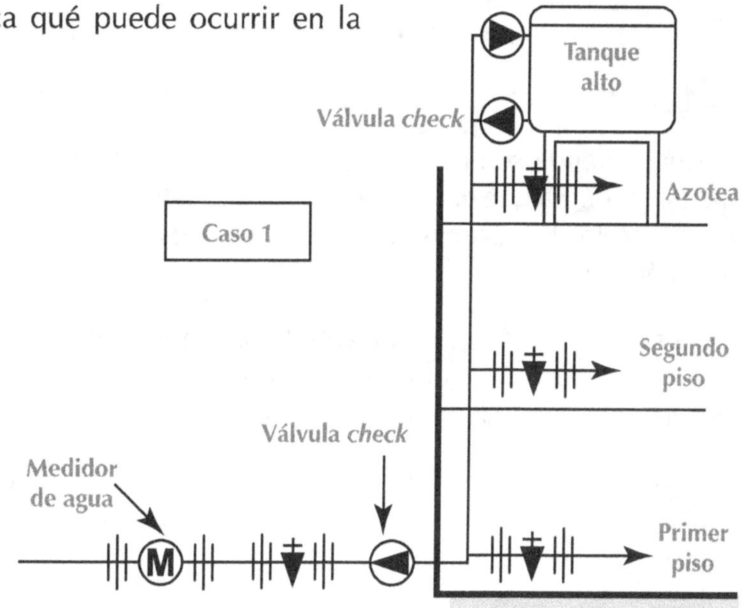

Caso 1

Tanque alto

Válvula *check*

Azotea

Válvula *check*

Segundo piso

Medidor de agua

Válvula *check*

Primer piso

Caso 2

Válvula *check* 1

Tanque alto

Válvula *check* 2

Azotea

Válvula *check* 3

Segundo piso

Válvula *check* 4

Medidor de agua

Primer piso

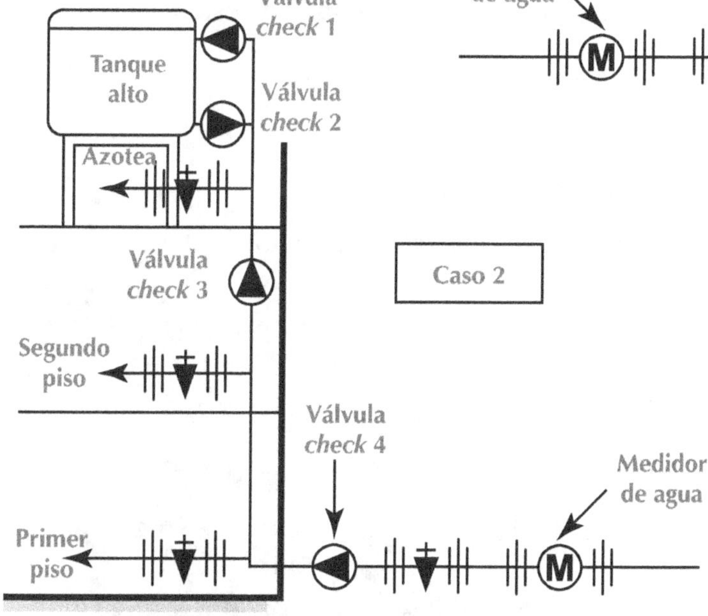

Sugerencias metodológicas:

■ Proporciona a cada grupo de estudiantes los materiales y accesorios para realizar la instalación.

■ Pide que se organicen y determinen las tareas a realizar en la práctica de instalación.

■ Antes de finalizar la sesión cada grupo debe explicar los resultados de la evaluación.

Instalación de un tanque cisterna, bomba de impulsión y tanque alto

Propósito:

Realizar la instalación de un sistema automático de abastecimiento de agua para emplearlo en una vivienda.

En una vivienda se puede instalar el tanque cisterna, la bomba de impulsión y el tanque alto de tal forma que el funcionamiento de estos elementos se realice en forma sincronizada y se controle el abastecimiento de agua de los ambientes y aparatos de la vivienda en forma automática.

Para esta instalación se emplean interruptores automáticos de nivel de tipo eléctrico. Estos dispositivos son colocados en el tanque cisterna y en el tanque alto para que controlen el funcionamiento de la bomba de impulsión.

Esta forma de instalar el tanque cisterna, la bomba de impulsión y el tanque alto facilita contar con agua en forma permanente sin necesidad de que una persona esté supervisando el proceso.

Interruptores automáticos de nivel

Son dispositivos eléctricos que cuentan con un *microswitch* conmutador interno y cuatro terminales de conexión.

El interruptor de nivel se coloca en la parte superior del tanque cisterna o del tanque alto. Tiene un espacio plano para su instalación. Además, el *microswitch* posee una conexión para colocar un cable con dos boyas, que se colocan dentro de los tanques a una altura definida.

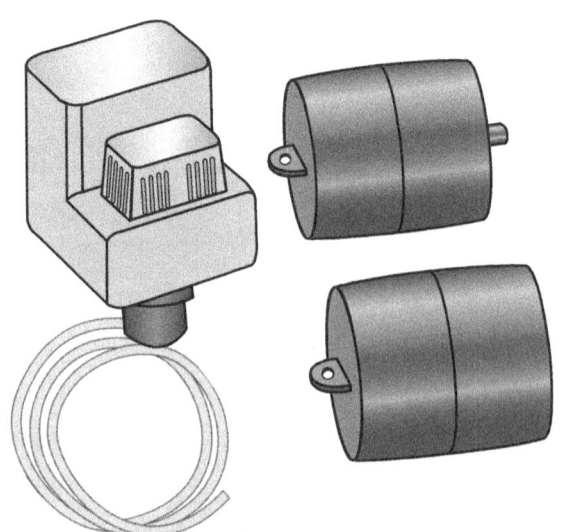

Las boyas cumplen la función de sensores que, al ser elevados por el nivel del agua, harán que el interruptor automático se abra o cierre según sea el caso.

Los terminales del interruptor automático vienen marcados: A1 y A2 – B1 y B2. Cuando se emplean en el tanque alto se deben conectar a los terminales A1 y A2 y, cuando se instalan en tanques cisterna a los terminales B1 y B2.

Instalación en un tanque alto

En un tanque alto el interruptor de nivel se coloca en la parte superior. Después se cuelga del interruptor dos boyas amarradas con un cable de nylon.

Utiliza los terminales A1 y A2 para conectar los alambres eléctricos y amarrar la primera boya a una altura de 10 cm por encima de la base del tanque y, la segunda, a 10 cm menos de la altura de la válvula de llenado de agua.

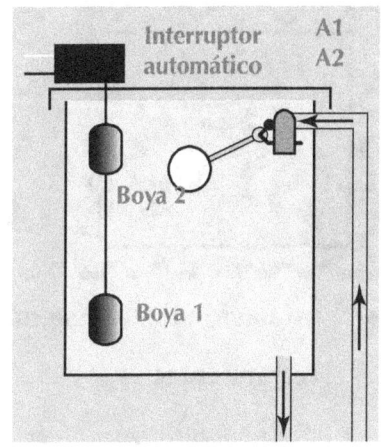

Instalación en un tanque cisterna

En un tanque cisterna el interruptor de nivel se coloca en la parte superior, en un lugar aislado y seco. Las dos boyas van amarradas a un cable de nylon en el interior del tanque cisterna y sujetadas al terminal del interruptor automático.

Utiliza los terminales B1 y B2 para conectar los alambres eléctricos y amarrar la primera boya a una altura de 10 cm por encima de la base del tanque; la segunda, a 10 cm menos de la altura de la válvula de llenado de agua.

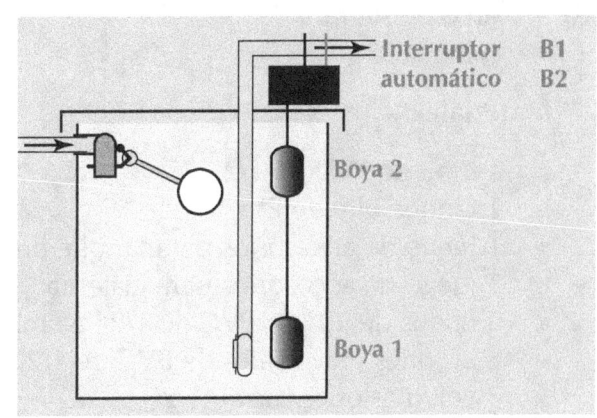

Circuito eléctrico automático

Aisla los alambres e interruptores automáticos eléctricos de las zonas expuestas al agua.

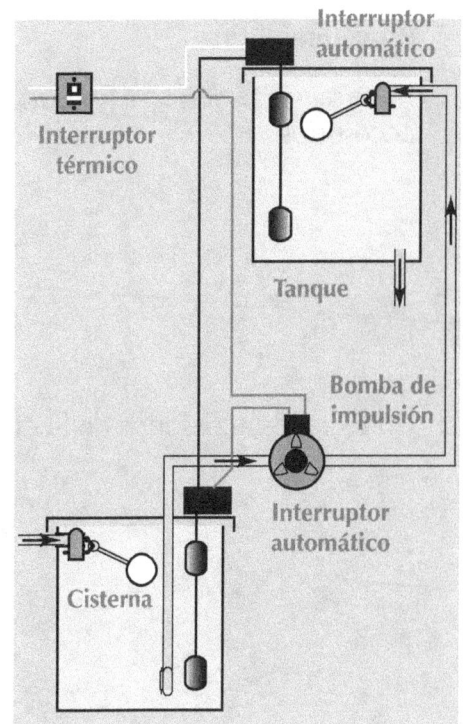

53

ACTIVIDADES

◆ **Instalación de un sistema automático cisterna – bomba de impulsión – tanque alto:**

Herramientas:

- Llave Stillson
- Llave francesa
- Arco de sierra
- Wincha

Materiales:

- 1 tubo de PVC de 1/2″
- 1 tanque alto de PVC
- 1 juego de accesorios para tanque de PVC
- 1 juego de accesorios para cisterna
- 3 codos de 90° de PVC de 1/2″ a embone
- 8 uniones universales de PVC de 1/2″
- 3 válvulas esféricas de 1/2″
- 1 válvula *check* de 1/2″
- 8 niples de PVC de 1/2″
- 4 adaptadores de 1/2″
- 1 cinta de teflón
- 1 soldadura o cemento de PVC

Procedimiento:

1. Instala el tanque alto con sus respectivos accesorios.

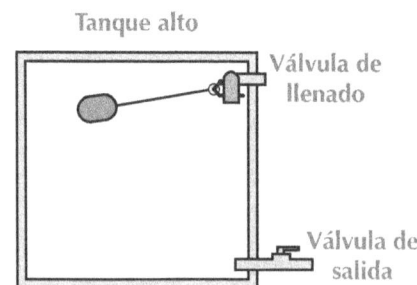

2. Conecta los accesorios de la cisterna.

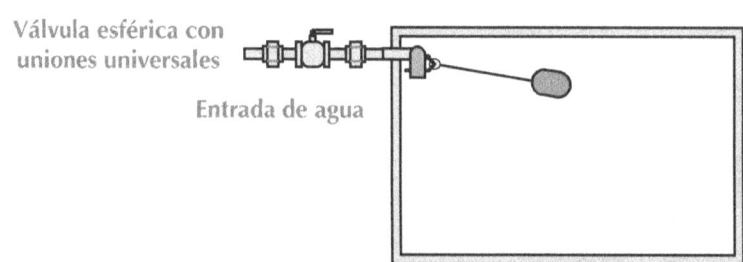

3. Coloca la bomba de impulsión cerca de la cisterna.

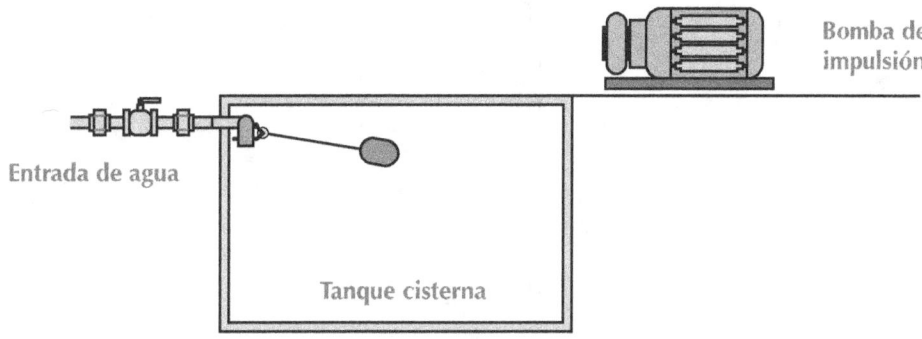

4. Conecta la tubería de succión de la cisterna a la entrada de agua de la bomba de impulsión.

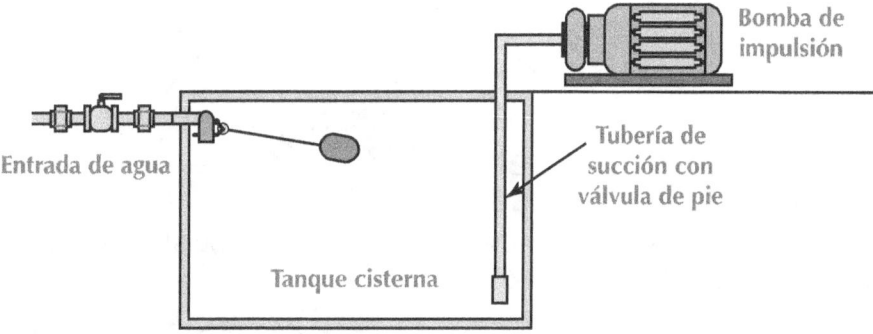

5. Coloca una válvula esférica y una válvula *check* a la salida de agua de la bomba de impulsión.

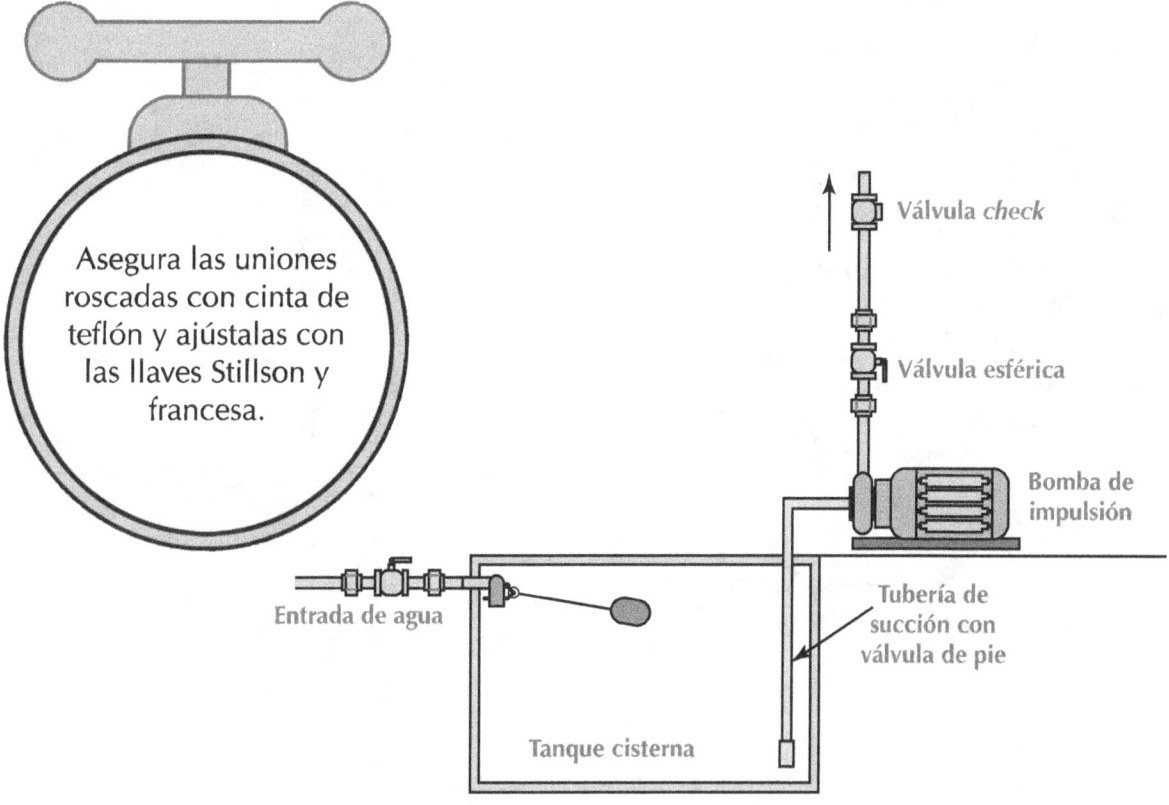

6. Conecta el tubo impulsión de PVC a la salida de la válvula *check* con dirección al tanque alto.

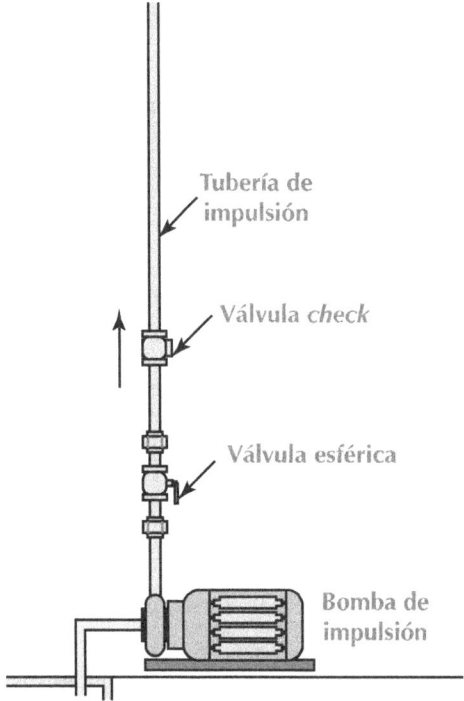

Tubería de impulsión

Válvula *check*

Válvula esférica

Bomba de impulsión

7. Empalma el tubo de PVC, que viene de la bomba de impulsión, a la válvula de entrada de agua del tanque alto.

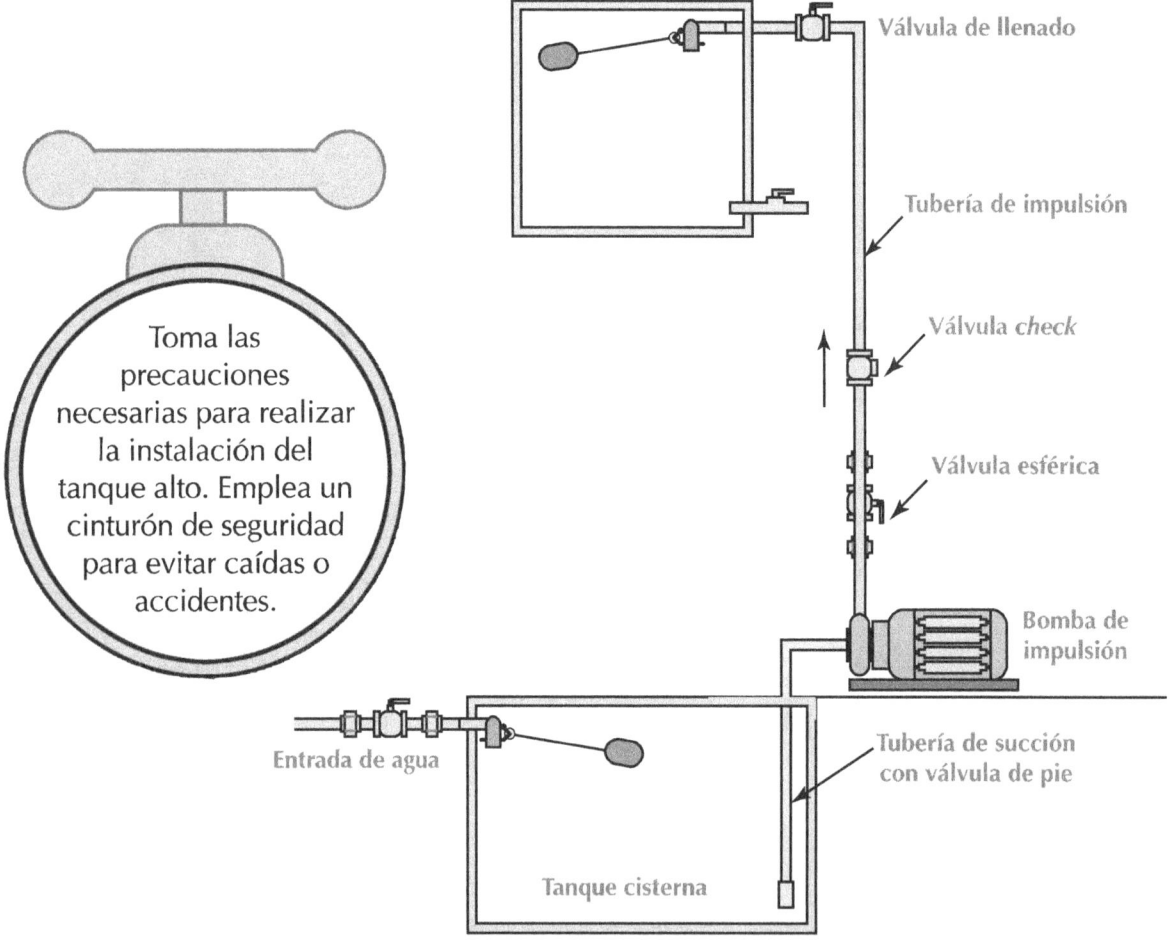

Toma las precauciones necesarias para realizar la instalación del tanque alto. Emplea un cinturón de seguridad para evitar caídas o accidentes.

Válvula de llenado

Tubería de impulsión

Válvula *check*

Válvula esférica

Bomba de impulsión

Entrada de agua

Tubería de succión con válvula de pie

Tanque cisterna

56

8. Coloca los interruptores automáticos de nivel en el tanque cisterna y el tanque alto. Considera las alturas de la primera y segunda boya.

9. Instala el sistema eléctrico de la bomba de impulsión y los interruptores de nivel según el esquema eléctrico mostrado en esta sesión.

10. Retira el tapón de cebado de la bomba de impulsión y llénalo con agua antes de hacer funcionar el sistema.

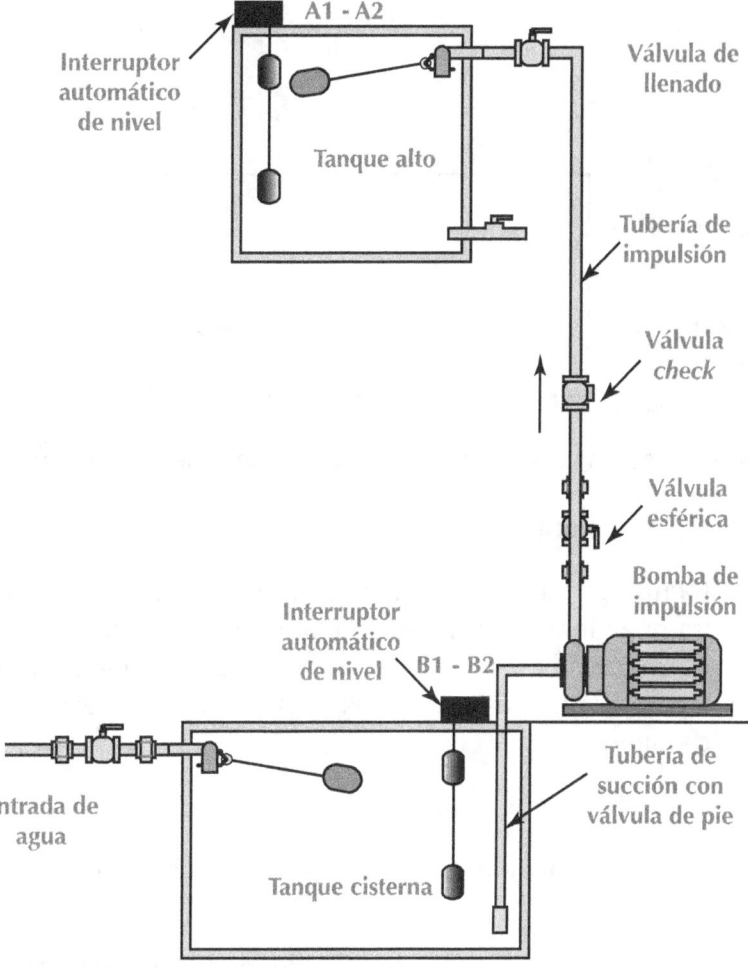

EVALUANDO MIS APRENDIZAJES

■ Realiza la instalación de una cisterna, bomba de impulsión y un tanque alto en forma práctica.

Sugerencias metodológicas:

■ Presenta a los estudiantes un esquema de instalación de un sistema automático de abastecimiento de agua para que lo observen y analicen.

■ Pide que expliquen la cantidad de materiales y accesorios que se utilizarán en la instalación.

■ Evalúa los procedimientos ejecutados por los estudiantes durante la práctica de instalación.

■ Cada grupo debe exponer al final de la sesión las dificultades para completar la práctica.

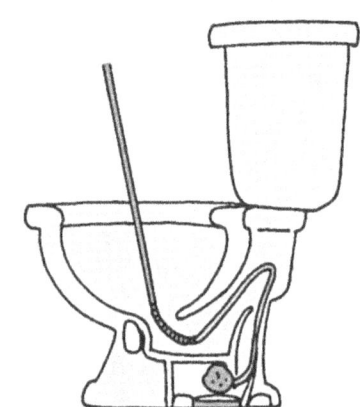

Reparación y mantenimiento de un inodoro

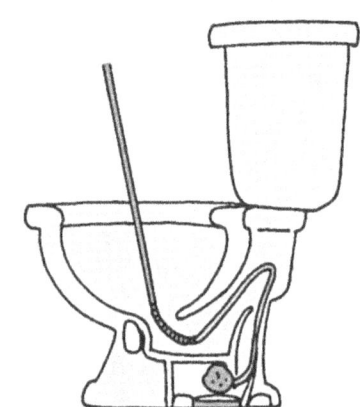

SESIÓN 13

Propósito:

Conocer, identificar, dar mantenimiento y reparación a un inodoro.

En esta sesión verás las fallas más comunes que presenta un inodoro y las posibles soluciones.

a) Obstrucciones.

Ocurre generalmente en la curva que forma la trampa. La trampa viene incorporada en la base de loza del inodoro. Es una zona estrecha que va acumulando suciedad, sarro y otros elementos que con el tiempo obstruyen el paso del desagüe.

Solución:

✓ La primera acción es emplear una desatorador de goma.

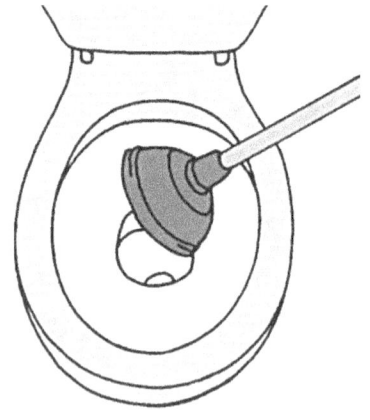

- Coloca la copa del desatorador en la abertura de la salida de la taza del inodoro. Echa agua hasta que cubra la copa del desatorador y procede a bombear. Presiona repetidas veces la copa del desatorador hasta que el agua discurra hacia el desagüe.

- Para comprobar si se solucionó la obstrucción, echa agua y ésta debe pasar rápidamente hacia el desagüe; si no fuese así, repite el procedimiento las veces que sea necesario.

✓ Una segunda opción es emplear una sonda espiral.

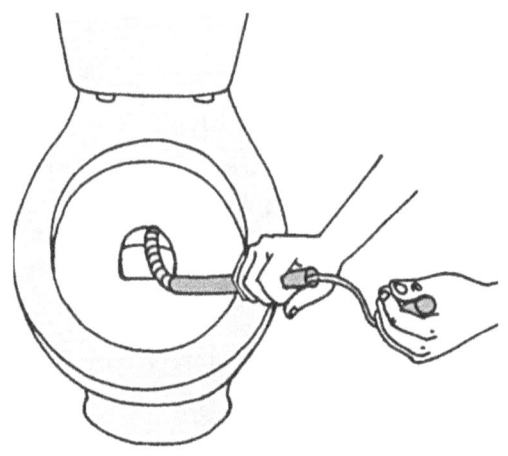

- Introduce la punta flexible de la sonda por la abertura de la salida del desagüe del inodoro hasta llegar a la zona de la obstrucción. Introduce y jala en forma continúa hasta que la obstrucción se solucione.

- Para comprobar la eficacia de esta operación, echa agua a la taza y ésta debe pasar con normalidad; si aún persiste la falla, realiza el procedimiento nuevamente.

58

b) La válvula de agua no cierra.

Esta falla ocasiona que el agua que llena el tanque del inodoro no sea controlada por la válvula de ingreso, sobrepase el nivel máximo del tanque y se vaya al desagüe por medio del rebose. Como consecuencia el consumo de agua se incrementa notablemente.

Solución:

- Corta el suministro de agua del inodoro y retira el tornillo que asegura la tapa de la válvula de ingreso. Utiliza un destornillador.

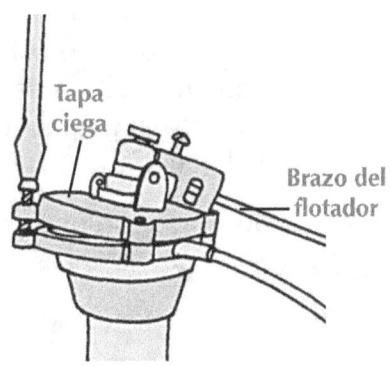

- Retira la tapa y verifica el diafragma de la válvula de ingreso. Si está dañado, reemplázalo; si tuviera partículas o suciedad que impidan un cierre hermético, procede a limpiarla.

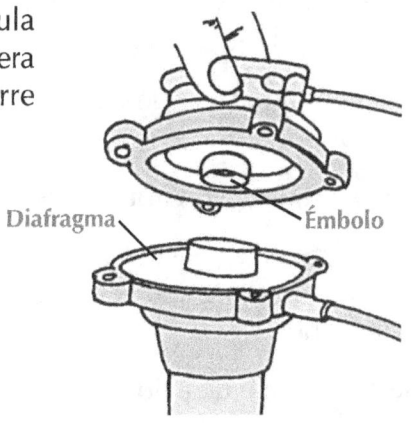

- Si las partes internas de la válvula de ingreso tienen roturas o rajaduras, cambia toda la válvula.

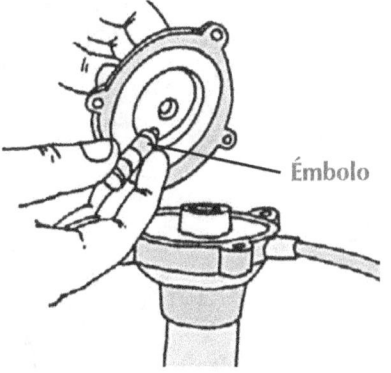

c) Fuga de agua del tanque del inodoro.

Esta falla ocasiona que el agua del tanque del inodoro se evacúe en forma incontrolada y permanente hacia el desagüe de la vivienda. La causa de la falla es una mala graduación del flotador del tanque.

Solución:

- Vacía el agua del tanque hacia la taza del inodoro.

- Regula el nivel de la varilla del flotador, de tal forma que no sobrepase la altura del rebose o la marca del nivel de agua que tiene el tanque en la parte interna.

- Deja ingresar nuevamente agua al tanque y verifica que no sobrepase el nivel del tanque ni la altura del rebose. Si no fuese así, vuelve a graduar el nivel de la varilla del flotador.

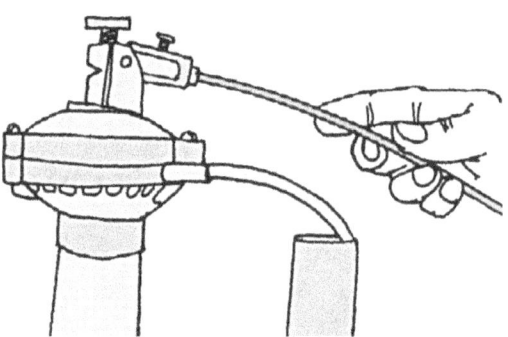

Cuando el inodoro presenta fallas como producto de los años de uso o desgaste en sus partes internas es necesario hacer el cambio de todo el aparato sanitario.

Algunas recomendaciones para realizar la limpieza de un inodoro:

✓ Mezcla agua y lejía en la siguiente proporción: 1 balde de agua y 1/2 cojín de lejía.

✓ Utiliza una mascarilla, guantes de jebe y una escobilla de cerdas de nylon para hacer la limpieza del inodoro.

✓ Lava con la mezcla de agua y lejía todas las partes del inodoro y deja pasar unos 30 minutos.

✓ Luego, enjuaga con abundante agua limpia.

✓ Para retirar el sarro y la suciedad de la parte interna de la taza, emplea ácido muriático. Ten cuidado al manipular este producto. Guárdalo en un lugar seguro y mantenlo alejado de los niños.

✓ Vierte un poco de ácido dentro de la taza por una hora.

✓ Luego, lava con una escobilla y echa abundante agua al inodoro para lavarlo. Suspende el uso del inodoro por algunos minutos.

Para ahorrar el consumo de agua de un inodoro puedes colocar dos botellas con agua dentro del tanque, teniendo cuidado de no osbstruir el funcionamiento de sus conexiones internas.

ACTIVIDADES

◆ **Reemplazo de un inodoro defectuoso**:

Herramientas:

- Llave Stillson
- Llave francesa
- Destornilladores
- Martillo
- Alicates

Procedimiento:

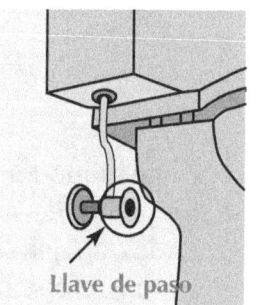

Llave de paso

1. Cierre el paso de agua y vacía el tanque. Si queda agua en el fondo se puede eliminar con una esponja.

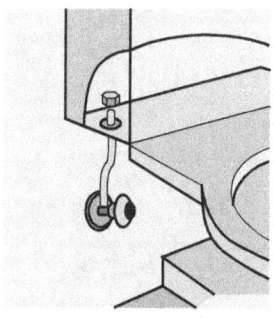

2. Quita el tubo de abasto que va de la entrada de la válvula de ingreso de agua al tanque del inodoro. Afloja la tuerca loca con la llave francesa.

3. Para retirar el tanque, afloja los pernos que se ubican en el interior con un destornillador mientras que sostienes la tuerca desde el exterior con los alicates. Procede de la misma forma con todos los pernos hasta dejar libre el tanque.

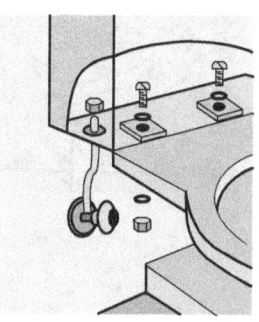

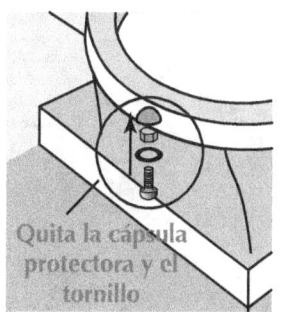

Quita la cápsula protectora y el tornillo

4. Retira los pernos de anclaje que están situados en la base del inodoro. Si hay alguna masilla antigua en ellos, debes rasparla, o aplica un poco de aceite penetrante para soltar los pernos oxidados. Si estos procedimientos no funcionan, utiliza una sierra y corta los pernos.

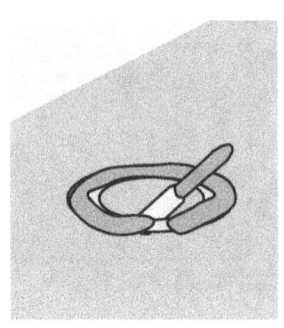

5. Mueve el inodoro hacia adelante y hacia atrás para romper el sello entre la taza y el suelo o el de la tubería de desagüe. Retira cuidadosamente el inodoro y déjalo a un lado.

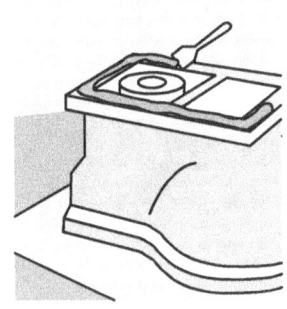

6. Voltea la taza nueva sobre una toalla o paño suave para prevenir dañarla. Coloca masilla sanitaria o el cuello de cera alrededor de la base de salida para conseguir un sellado hermético y evitar los olores provenientes de la tubería de desagüe.

7. Coge el inodoro y colócalo en su posición de modo que los pernos de anclaje se alineen en la base y puedan entrar en los agujeros de la base del inodoro. Puedes solicitar ayuda de otra persona para esta operación.

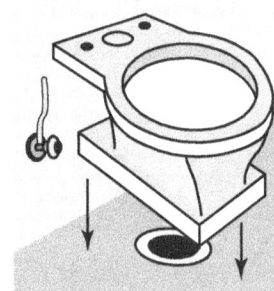

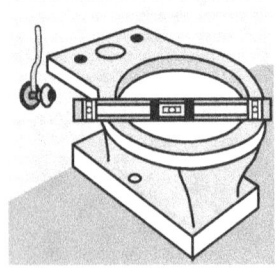

8. Nivela la taza del inodoro. Coloca calzas para que quede nivelado.

9. Desliza una arandela por cada perno y ajusta lentamente las tuercas para asegurar el inodoro.

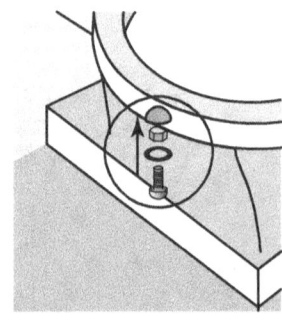

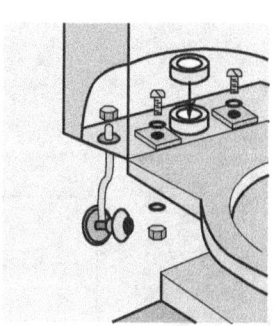

10. Instala el tanque sobre la taza del inodoro. Coloca el tanque alineado a los agujeros correspondientes. Realiza esta operación con cuidado. Ubica y aprieta las juntas y tornillos del tanque.

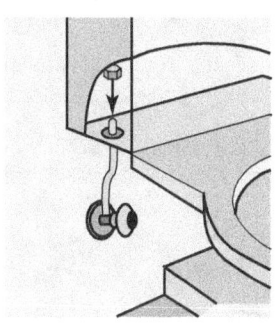

11. Coloca cinta de teflón alrededor de la rosca de la válvula de entrada de agua. Instala el tubo de abasto de abastecimiento de agua. Acciona la llave esférica y deja que el tanque se llene de agua.

12. Vacía el tanque de la cisterna varias veces y comprueba que no existen fugas.

13. Finalmente, prueba que el asiento del inodoro esté suficientemente seguro y fijo.

EVALUANDO MIS APRENDIZAJES

■ Elabora un tríptico sobre cómo instalar un inodoro en una vivienda.

Sugerencias metodológicas:

■ Muestra una lámina con las partes principales de un inodoro.

■ Pide que los estudiantes mencionen y comenten las partes del inodoro donde se pueden producir las fallas más comunes.

■ Refuerza conceptos e ideas principales de esta sesión a partir de la opinión y aportes de los estudiantes.

Reparación y mantenimiento de un lavatorio

S E S I Ó N 14

Propósito:

Realizar el mantenimiento y reparación de las fallas más comunes de un lavatorio.

Las fallas más comunes en un lavatorio son:

a) Obstrucciones.

Generalmente los lavatorios sufren este tipo de fallas como consecuencia de la acumulación de grasa, polvo, suciedad, cabellos, etc. en la trampa tipo P que utiliza este aparato para derivar el agua en desuso al desagüe de la vivienda. En otros casos, la obstrucción es producida por objetos que se introducen en forma involuntaria por el desagüe del lavatorio, sobre todo cuando no cuenta con rejilla de protección.

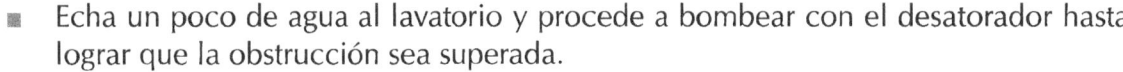

Para realizar el mantenimiento de los aparatos sanitarios emplea mascarilla y guantes de jebe.

Solución:

- Utiliza un desatorador de goma y colócalo sobre la rejilla del desagüe del lavatorio.

- Presiona suavemente la copa del desatorador hasta que choque con la rejilla del lavatorio.

- Echa un poco de agua al lavatorio y procede a bombear con el desatorador hasta lograr que la obstrucción sea superada.

- Repite esta operación hasta solucionar completamente el problema.

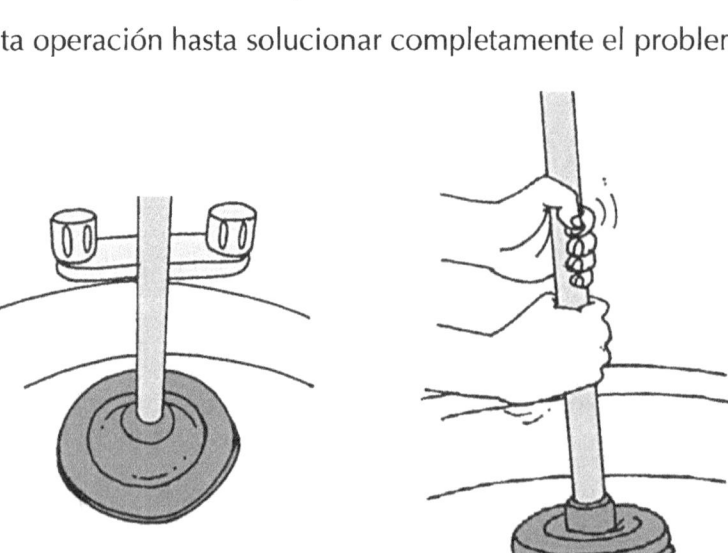

b) Atoro en la trampa del lavatorio.

Cuando la obstrucción no se puede solucionar desde la parte externa del lavatorio, esta falla se convierte en un atoro. En este caso es necesario retirar la trampa tipo P ubicada en la parte baja del lavatorio.

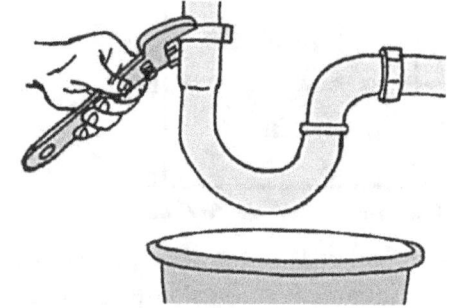

Solución:

■ Coloca un balde debajo de la trampa del lavatorio. Si tiene registro, retira la tapa y limpia la suciedad y los elementos que han causado el atoro.

■ Extrae con un alambre todos los elementos causantes del atoro.

■ Si la trampa no tiene registro, debes desarmarla. Utiliza las manos o la llave francesa para aflojar las tuercas de unión de la trampa.

■ Retira la "U" de la trampa y procede a limpiarla.

■ Lava con abundante agua y detergente la parte de la trampa retirada.

■ Verifica que las empaquetaduras de la trampa estén en buen estado antes de colocarla en su lugar.

■ Coloca y arma nuevamente la trampa y prueba que no haya fugas de agua.

c) Fugas de agua.

La falla más común es un goteo que se presenta en la entrada de agua del caño del lavatorio. Se produce porque no se ha ajustado bien la tuerca loca del tubo de abasto.

Solución:

■ Retira la tuerca loca del tubo de abastos de la entrada de agua del caño.

■ Verifica el buen estado de la empaquetadura de goma de la tuerca loca.

■ Vuelve a colocarla y ajustarla bien a la entrada de agua del caño.

■ Si el tubo de abasto está dañado o desgastado, es recomendable reemplazarlo.

Sugerencias para realizar el mantenimiento de los lavatorios:

1. Lava el lavatorio con detergente. Emplea escobilla y agua.

2. Mezcla un vaso de desinfectante líquido (de pino o floral) con un litro de agua. También puedes echar algunas gotas de lejía, en un litro de agua.

3. Enjuaga el lavatorio con la mezcla anterior. Usa un paño o trapo limpio para limpiar la superficie del lavatorio.

ACTIVIDADES

◆ Observa los gráficos y coloca el número en el orden correspondiente para reparar un lavatorio que está atorado. Escribe cómo realizarías cada procedimiento.

☐

_____

_____

_____

_____

☐

_____

_____

_____

_____

☐

_____

_____

_____

_____

☐

_____

_____

_____

_____

□

_____

_____

_____

_____

_____

□

_____

_____

_____

_____

_____

□

_____

_____

_____

_____

_____

EVALUANDO MIS APRENDIZAJES

■ Elabora un informe o describe las operaciones a seguir en la reparación de un lavatorio que está obstruido.

Sugerencias metodológicas:

■ Comenta un caso relacionado con las fallas de un lavatorio. Solicita que los estudiantes expresen otros casos.

■ Haz un cuadro de posibles fallas a partir de la exposición de los grupos.

■ Antes de finalizar la sesión, solicita que intercambien sus actividades.

Reparación y mantenimiento de griferías

Propósito:

Conocer la forma de mantener y reparar las griferías de una vivienda.

El goteo de un caño o grifo significa un consumo adicional de 30 litros de agua al día, o sea, más de 10 000 litros al año, lo que representa un mal uso de este escaso recurso y tiene repercusiones en nuestra economía familiar.

Generalmente los desperfectos que se presenta en los caños es que no controlan el agua cuando se manipula la perilla. Esta falla se debe al desgaste de la empaquetadura interna; que al ser de jebe, se deteriora con facilidad.

 **ACTIVIDADES**

1. **Reparación de un caño que gotea:**

   Herramientas:

  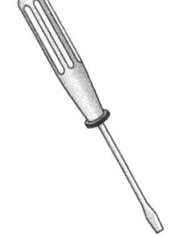 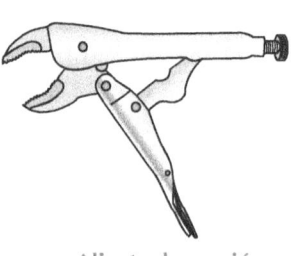

| Llave Stillson | Llave francesa | Destornillador plano | Alicate de presión |

   Accesorios:

   - 1 caño
   - 1 empaquetadura de jebe

Procedimiento:

1. Observa el caño y reconoce sus partes.

Tapa de adorno

Perilla

Vástago fijo

Empaquetadura

2. Cierra la llave de control general. Después, abre el caño para retirar el agua que quedó en la tubería.

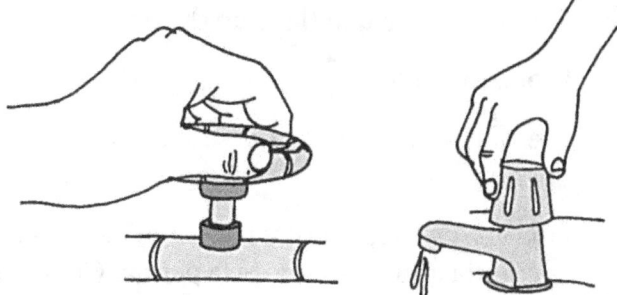

3. Utiliza el destornillador plano y retira la tapa o adorno de la perilla que cubre el tornillo.

4. Quita el tornillo con el destornillador plano y, luego, retira la perilla.

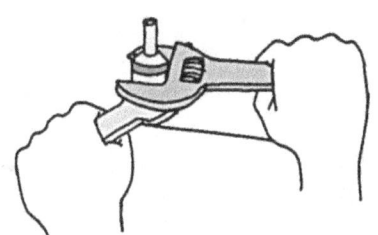

5. Sujeta con una mano la boca del caño mientras con la otra mano, desenrosca el vástago fijo. Utiliza la llave francesa.

6. Retira el vástago fijo del cuerpo del caño.

7. Retira la empaquetadura de jebe desgastada.

8. Cambia la empaquetadura por otra de características similares. Arma nuevamente el caño.

2. Reparación de una llave de ducha:

Procedimiento:

1. Cierra la llave esférica que controla la salida de agua de la ducha.

2. Una vez cerrado el abastecimiento de agua debes desmontar la grifería. Quita la tapa de la perilla. Generalmente las tapas son de simple presión. Verás un tornillo que debes retirar con un destornillador. Luego, retira la perilla.

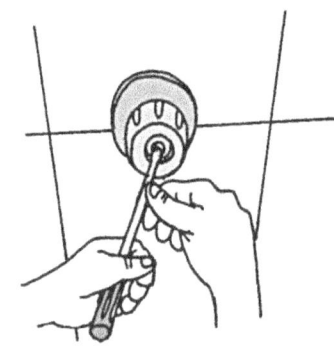

3. Observa el vástago, una especie de cilindro de bronce. Para retirarlo, debes aflojar la tuerca de sujeción que lleva en la base. Utiliza una llave francesa.

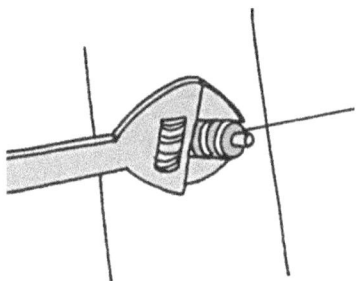

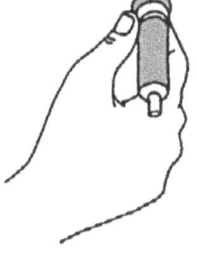

4. Retira el vástago haciéndolo girar.

5. Inspecciona la base del vástago. Verás una especie de rondana de jebe que es la empaquetadura que sella la válvula. Algunas griferías utilizan empaquetaduras de forma cónica.

6. Reemplaza la empaquetadura por una similar. Lleva el vástago y/o la empaquetadura antigua como muestra para hacer la compra del repuesto pues existen empaquetaduras muy similares en el mercado.

7. Repite los pasos anteriores en forma inversa utilizando cinta de teflón para mejorar el ajuste de las roscas.

EVALUANDO MIS APRENDIZAJES

1. Ordena con números el procedimiento para reparar una grifería.

☐ Inspecciona la rondana de jebe que está en la base del vástago.

☐ Retira la tapa de la perilla. Por lo general está colocada a presión.

☐ Cierra la llave de control correspondiente. Si no hubiera, cierra la llave general de la vivienda.

☐ Para retirar el vástago, quita con la llave francesa la tuerca de sujeción que está en la base.

☐ Desmonta la grifería.

☐ Arma nuevamente la grifería.

☐ Saca el tornillo de la perilla con el destornillador.

☐ Reemplaza la empaquetadura por una similar.

☐ Retira la perilla.

2. Observa el gráfico y describe el procedimiento que se está realizando.

_____

_____

Sugerencias metodológicas:

■ Pregunta a los estudiantes. ¿Cómo realizarían la reparación del caño de un lavatorio que gotea?

■ Pide que por grupos comenten y respondan la pregunta.

■ Realiza las dos actividades en forma práctica.

Lectura de planos de instalaciones sanitarias

Propósito:

Reconocer, diferenciar e interpretar los símbolos empleados en la representación de los planos de instalaciones sanitarias de tipo domiciliario.

Los planos de instalaciones sanitarias constituyen fuente de información para realizar las instalaciones de agua o desagüe de una vivienda. Los símbolos y las recomendaciones técnicas hacen del plano un valioso documento técnico.

Un plano de instalaciones sanitarias tiene las siguientes partes:

1. **Datos informativos.**

   Es un cuadro que va en un extremo del plano, generalmente en la parte inferior derecha. En él se detallan datos como el nombre del propietario de la vivienda, tipo de plano, escala empleada en el dibujo, nombre del ingeniero, arquitecto, dibujante, fecha, código del plano, etc.

Vivienda familiar	Plano de Instalaciones sanitarias	
Ing.	Prop. Blanca Olaya Acosta	**As-01**
Arq.	Jr. Volcán Misti 123 - Chorrillos	
Dibujo:	Esc. 1/100	Dic. 2008	

2. **Esquema de emplazamiento.**

   Es la parte del plano en la que se muestra toda la vivienda con sus diferentes ambientes, y en la que se representa las instalaciones sanitarias (agua o desagüe) mediante símbolos.

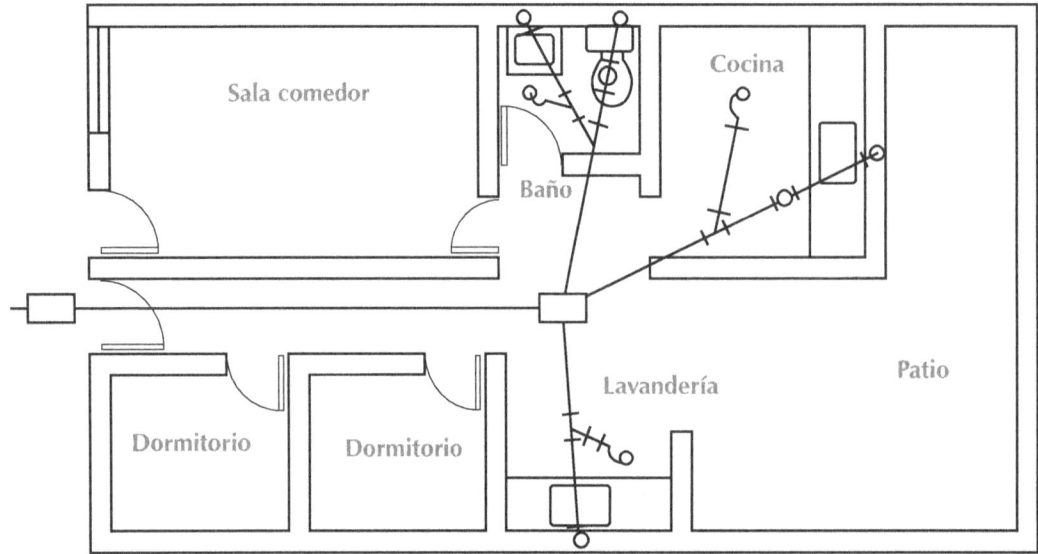

3. **Leyenda.**

Es un cuadro en el que se colocan los símbolos empleados en el plano, cada uno con su respectivo nombre.

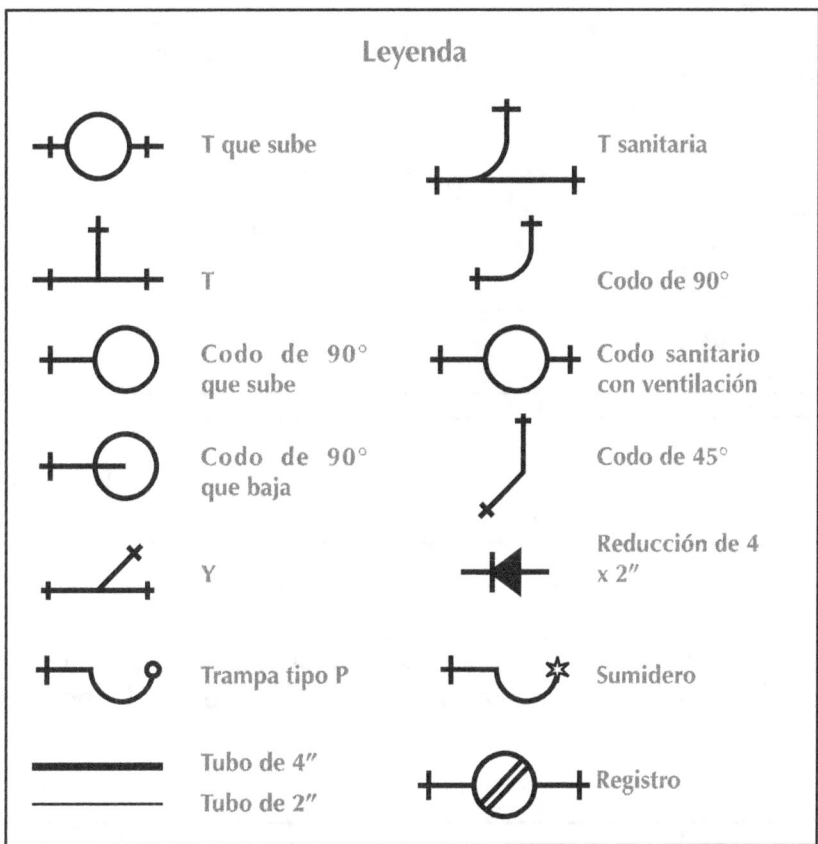

Estos símbolos identifican los materiales y accesorios que se emplean en la instalación de agua o desagüe de la vivienda. Cada uno representa un determinado accesorio o material de manera precisa y concreta.

4. **Especificaciones técnicas.**

En una parte del plano se indican las especificaciones técnicas que debe tener en cuenta la persona que realizará las instalaciones sanitarias.

ESPECIFICACIONES   TÉCNICAS

- La pendiente mínima de las tuberías de desagüe es de 1,5%.

- Las uniones serán de tipo espiga y campana.

- Para sellar las uniones espiga y campana emplear pegamento o cemento de PVC.

- Las ventilaciones deben terminar con un sombrero de ventilación.

- Los tubos y accesorios serán de PVC del tipo pesado.

Distribución de las partes del plano de instalaciones sanitarias

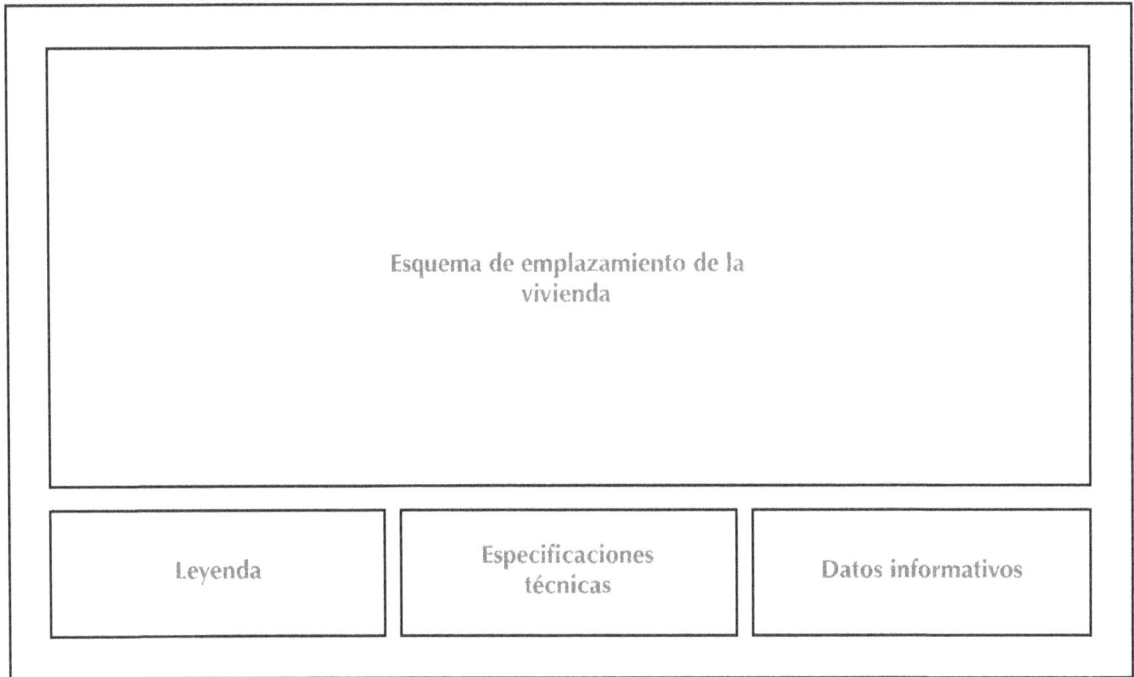

En el caso de un plano de instalaciones de agua, los accesorios que se emplean son diferentes a los utilizados en una instalación de desagüe. En algunos casos los símbolos se asemejan mucho.

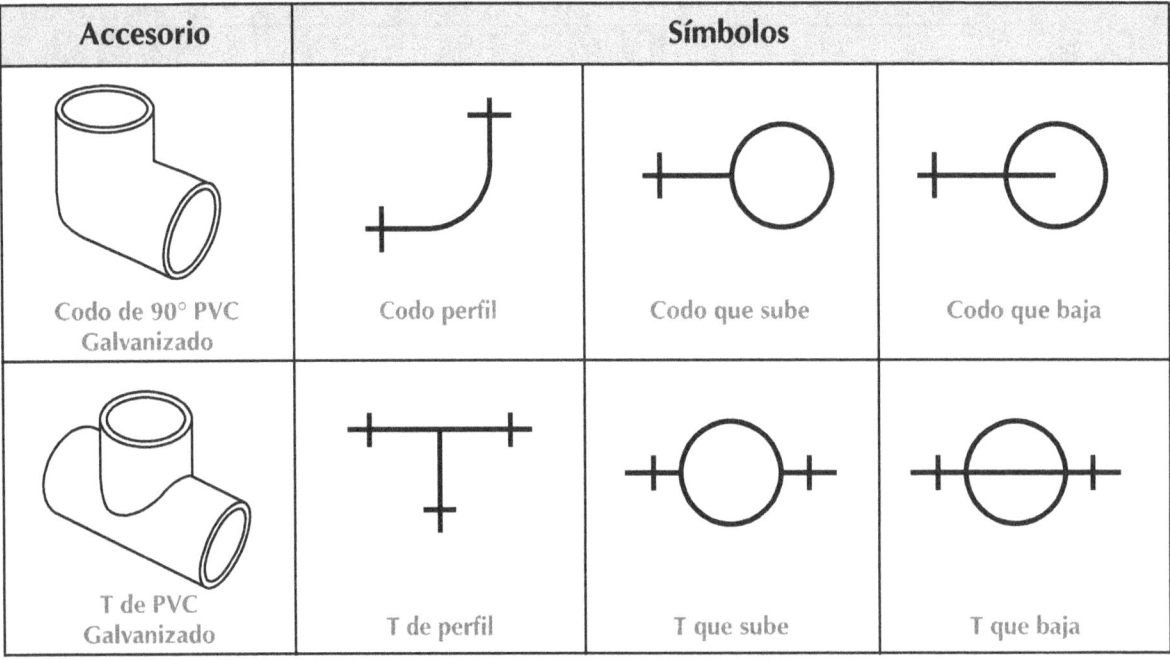

Accesorio	Símbolos		
Codo de 90° PVC Galvanizado	Codo perfil	Codo que sube	Codo que baja
T de PVC Galvanizado	T de perfil	T que sube	T que baja

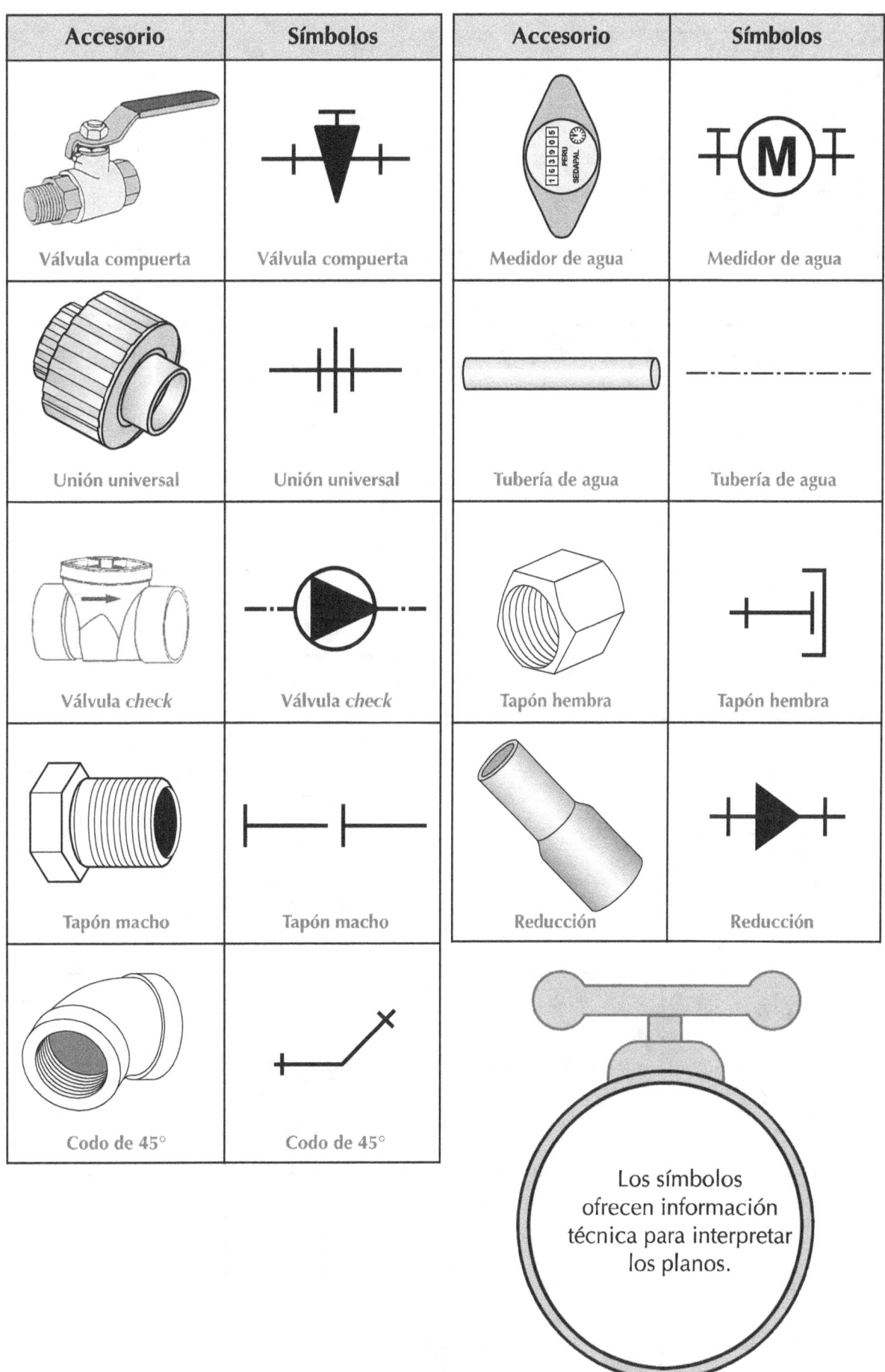

Accesorio	Símbolos	Accesorio	Símbolos
Válvula compuerta	Válvula compuerta	Medidor de agua	Medidor de agua
Unión universal	Unión universal	Tubería de agua	Tubería de agua
Válvula *check*	Válvula *check*	Tapón hembra	Tapón hembra
Tapón macho	Tapón macho	Reducción	Reducción
Codo de 45°	Codo de 45°		

Los símbolos ofrecen información técnica para interpretar los planos.

ACTIVIDADES

1. Observa el gráfico de cada uno de los accesorios de desagüe y coloca en cada recuadro el símbolo que lo representa.

Accesorio	Símbolo	Accesorio	Símbolo

2. Observa el esquema de emplazamiento de las instalaciones de desagüe de la vivienda. Identifica los símbolos empleados y anota la cantidad de accesorios para realizar la instalación.

Símbolos	Cantidad	Símbolos	Cantidad

EVALUANDO MIS APRENDIZAJES

■ Menciona las instalaciones de desagüe que se realizarán en cada ambiente de la vivienda.

Ambiente	Descripción
Lavandería	
Cocina	
Baño	
Pasadizo	

Instalación de agua para riego por aspersión

Propósito:

Conocer y realizar la instalación de sistemas de riego por aspersión para emplearlos en el mantenimiento y conservación de parques y jardines.

El sistema de riego por aspersión permite que el agua destinada al riego de jardines y tierras de cultivo se realice por medio de tuberías y pulverizadores llamados aspersores. Gracias a una presión determinada, el agua se eleva para caer en forma de gotas sobre la superficie que se desea regar.

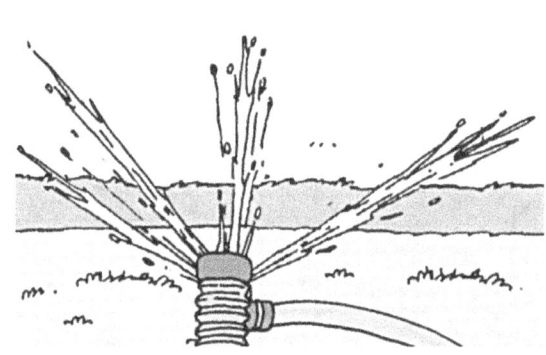

Para conseguir un buen riego por aspersión es necesario una adecuada presión en el agua, un sistema de tuberías de PVC u otros similares y buenos aspersores de agua.

■ **Presión en el agua.**

La presión del agua debe ser capaz de poner en marcha todos los aspersores al mismo tiempo, ya sean fijos o móviles.

En el caso de que la presión de la red no sea suficiente, se debe instalar un motor para generar la presión necesaria.

■ **Red de tuberías.**

La red de tuberías que conduce el agua por la superficie a regar se compone de ramales de alimentación que llevan el agua para suministrar a los ramales secundarios que se conectan directamente con los aspersores.

■ **Aspersores.**

Los más utilizados son los giratorios porque giran alrededor de su eje y permiten regar una superficie circular en forma uniforme. En el mercado los hay de variadas funciones y distinto alcance.

Puedes elaborar aspersores de agua caseros empleando botellas de plástico con agujeros. Obtendrás un resultado muy parecido al de los aspersores de fábrica.

Tipos de aspersores para riego

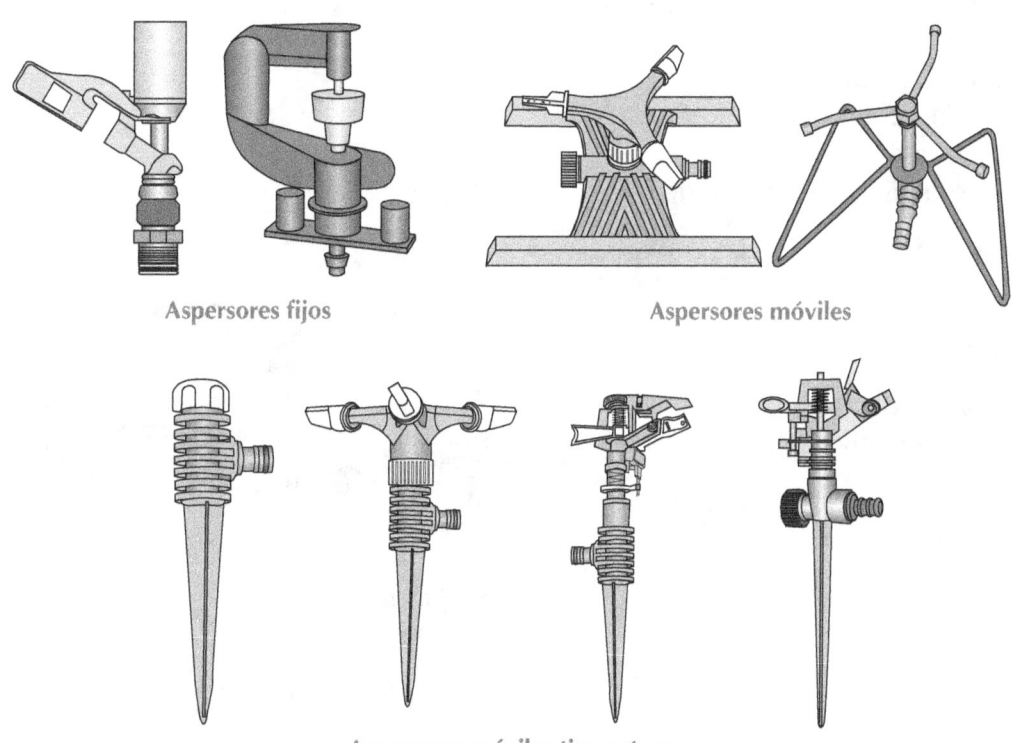

Aspersores fijos   Aspersores móviles

Aspersores móviles tipo estaca

Para evitar las fallas o el mal funcionamiento de los aspersores de agua, limpia la boquilla de salida, retira todo resto de cloro, sarro o arena que se acumule en su interior.

ACTIVIDADES

◆ **Instalación de un sistema de riego por aspersión.**

Herramientas:

- ▪ Llave Stillson
- ▪ Llave francesa
- ▪ Arco de sierra
- ▪ Wincha

Materiales:

- ▪ 2 tubos de PVC de 1/2"
- ▪ 2 aspersores fijos
- ▪ 2 codos de 90° de PVC de 1/2" galvanizados
- ▪ 1 codo de 90° de PVC de 1/2" a embone

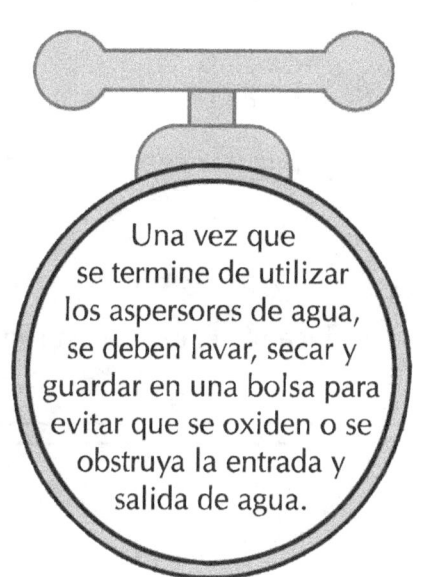

Una vez que se termine de utilizar los aspersores de agua, se deben lavar, secar y guardar en una bolsa para evitar que se oxiden o se obstruya la entrada y salida de agua.

79

- 1 T de PVC de 1/2″ a embone
- 2 uniones universales de PVC de 1/2″
- 1 válvula esférica de 1/2″
- 2 niples de PVC de 1/2″
- 3 adaptadores de 1/2″
- 1 cinta de teflón
- 1 soldadura o cemento de PVC

Procedimiento:

1. Arma la válvula esférica con sus uniones universales.

2. Coloca un adaptador a la salida de la unión universal.

3. Corta y empalma un tubo de PVC al adaptador.

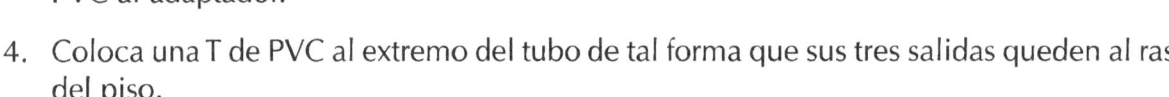

4. Coloca una T de PVC al extremo del tubo de tal forma que sus tres salidas queden al ras del piso.

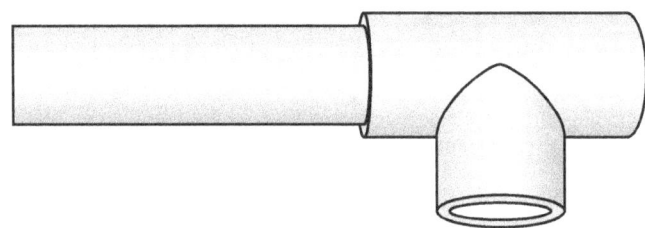

5. Empalma otro tubo de PVC a la T para que mantenga una línea recta con el otro tubo.

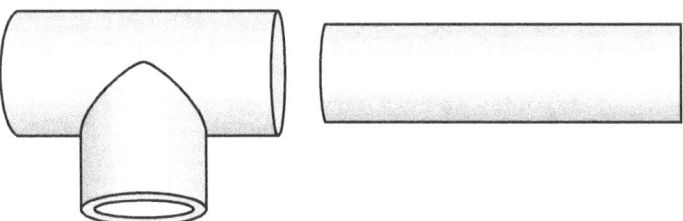

6. Conecta al extremo del segundo tubo un codo de 90° de PVC. La salida del codo debe quedar en el mismo sentido que la T.

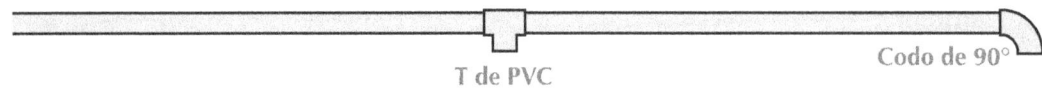

T de PVC   Codo de 90°

7. Corta un pedazo de tubo de PVC de 50 cm y colócalo en la salida de la T y el codo de 90°.

8. Coloca un adaptador en cada punta de los tubos que salen de la T y del codo.

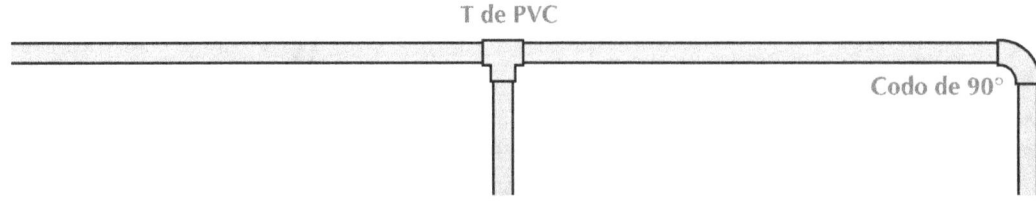

T de PVC

Codo de 90°

9. Empalma en cada adaptador un codo de 90° galvanizado con la salida hacia arriba.

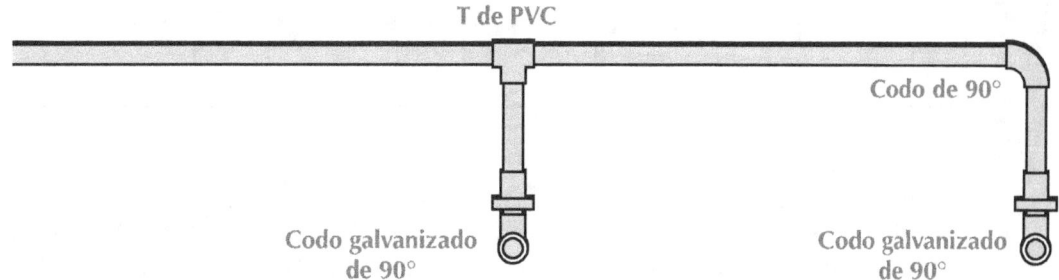

T de PVC

Codo de 90°

Codo galvanizado
de 90°

Codo galvanizado
de 90°

10. Coloca un aspersor de agua en cada codo galvanizado. Utiliza cinta de teflón para asegurar la unión roscada.

11. Abre la válvula esférica y prueba la instalación.

EVALUANDO MIS APRENDIZAJES

■ Completa la secuencia seguida para realizar la instalación de un sistema de riego por aspersión.

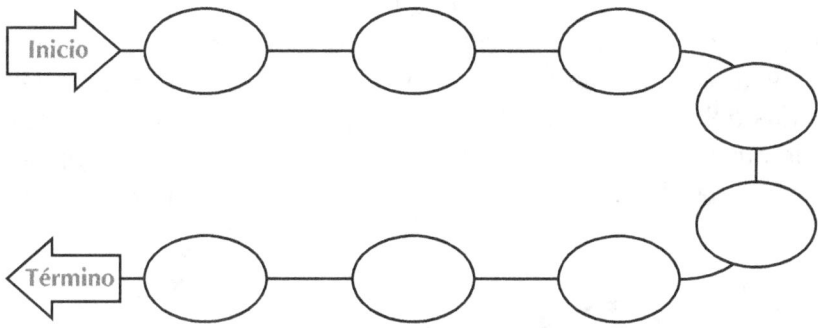

Inicio

Término

Instalación de un sistema de riego por aspersión móvil

Propósito:

Conocer el funcionamiento y la instalación de los aspersores de agua para emplearlos en una vivienda o para el riego de parques y jardines de la comunidad.

El riego por aspersión utilizado en pequeños jardines se puede realizar empleando aspersores portátiles y móviles. Estos se caracterizan por tener la forma de una estaca, una punta con filo en forma de un estaca o cuchilla que sirve para ser fijada en el suelo; tiene además una entrada de agua, y puede tener una, dos o tres salidas de aspersión de agua.

Los aspersores de agua pueden tener un giro de 90°, 180° o completar los 360°; sólo es cuestión de graduarlos según las necesidades de riego.

El suministro se hace con una manguera simple de agua que se asegura a la entrada del aspersor mediante una abrazadera metálica.

Cuando se requiera habilitar o hacer funcionar dos o más aspersores móviles, se puede emplear accesorios que derivan el agua. Los hay de tipo T y tipo Y. Estos tienen las entradas del mismo diámetro que las de los aspersores, por lo que se pueden emplear mangueras del mismo tipo sin ninguna dificultad.

Para un buen funcionamiento de los aspersores de agua debes limpiarlos antes y después de utilizarlos.

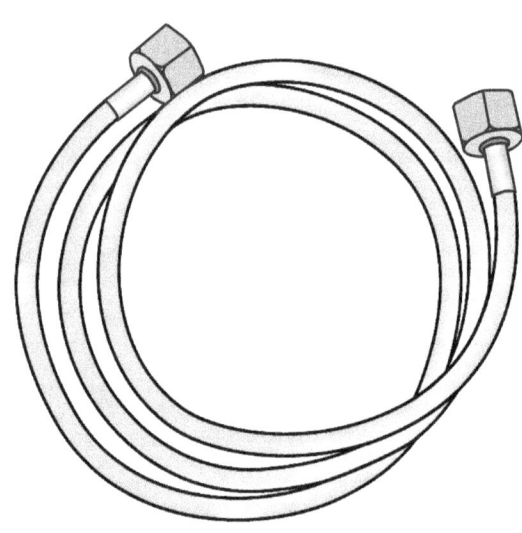

Manguera para agua

Accesorios T y Y

 **ACTIVIDADES**

◆ **Instalación de tres aspersores móviles:**

Herramientas:

- Llave Stillson
- Llave francesa
- Arco de sierra
- Destornilladores
- Wincha

Materiales:

- 3 mangueras de 5 m
- 2 aspersores móviles
- 1 T de PVC para manguera a embone
- 5 abrazaderas para manguera

Procedimiento:

1. Conecta la manguera al caño de agua.

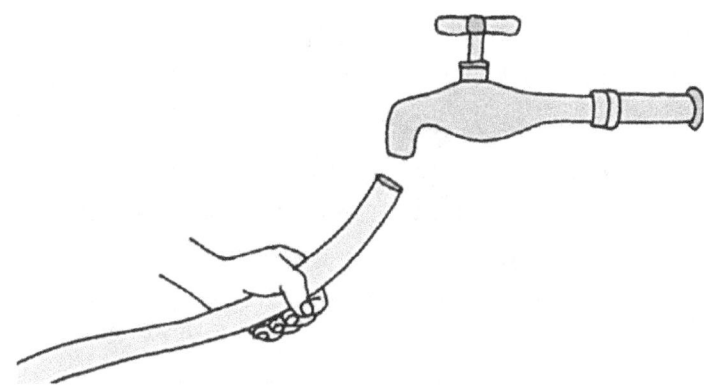

2. Empalma la salida de la manguera a la entrada de la T y asegura la unión con una abrazadera. Utiliza un destornillador para ajustar bien.

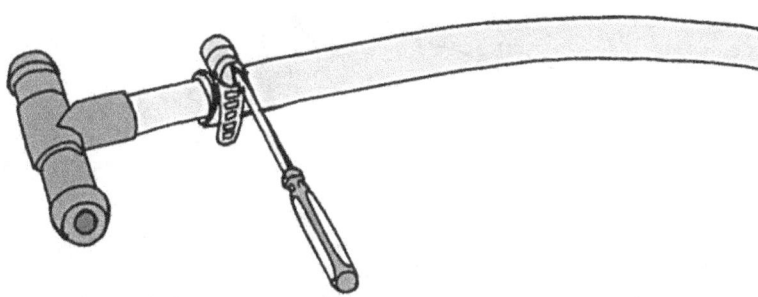

3. Conecta las otras dos mangueras a la salida T. Recuerda ajustar bien los empalmes con las abrazaderas.

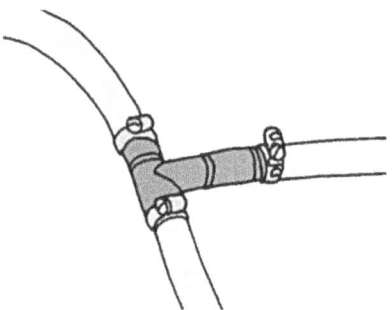

4. Empalma la salida de las mangueras a las entradas de los dos aspersores de agua y asegúralas con sus respectivas abrazaderas.

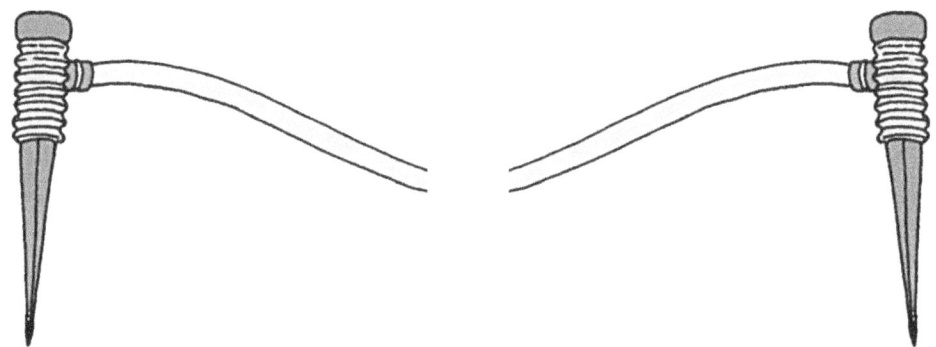

5. Fija los aspersores en el suelo y gradúa el tipo de riego. Gradúalos para un giro de 90°.

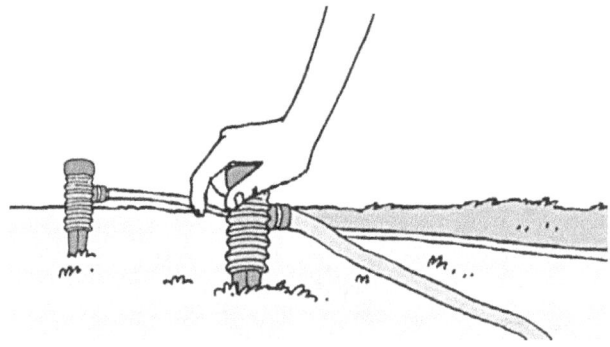

6. Verifica que las uniones estén bien ajustadas.

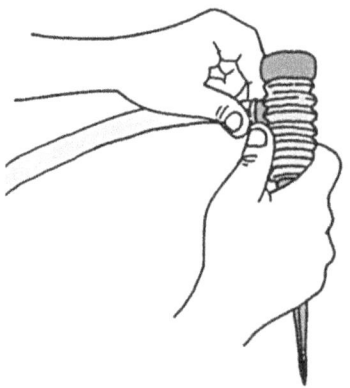

7. Abre el caño y deja que discurra el agua.

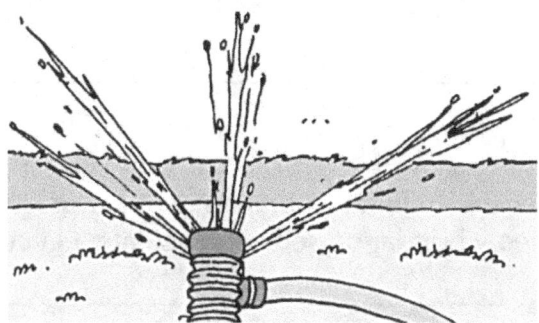

 **EVALUANDO MIS APRENDIZAJES**

■ Imagina que te contratan para instalar 4 aspersores móviles de agua. Indica qué materiales y accesorios emplearás y qué procedimientos seguirás.

Materiales y accesorios:

_____

_____

_____

_____

Procedimiento

_____

_____

_____

_____

Sugerencias metodológicas:

■ Proporciona a cada grupo los materiales y herramientas necesarios para realizar la instalación de los aspersores de agua.

■ Cada grupo debe plantear qué estrategias seguirá antes de realizar la instalación.

■ Puedes evaluar los procedimientos seguidos por los estudiantes en la práctica de instalación.

Proyecto de autoempleo

Propósito:

Reconocer tus cualidades emprendedoras personales para generar tu autoempleo y brindar un servicio eficiente a la comunidad.

El autoempleo es una de las alternativas a la que se puede recurrir frente a la falta de oportunidades y puestos de trabajo. En la actualidad, existen muchos profesionales que están desocupados y dedicándose muchas veces al comercio formal e informal debido a que no encuentran un puesto de trabajo en función de su profesión.

Los conocimientos básicos de gasfitería que has adquirido hasta ahora te pueden servir como base para que estudies una carrera técnica y puedas profundizar en temas y procedimientos que te permitan generar tu autoempleo.

Reconoce tus cualidades laborales:

✓ **Ser persistente.** No te desanimes por los primeros malos resultados, no desistas de la intención de promover tu propio empleo según tus capacidades técnicas.

✓ **Planificación.** Establece los tiempos y acciones a seguir en el logro de los resultados, planifica tus acciones para el cumplimiento de tus metas.

✓ **Búsqueda de oportunidades.** Busca información, técnicas nuevas, fuentes de financiamiento que te ayuden a mejorar tus habilidades laborales.

✓ **Establece redes de apoyo** y de comunicación entre los técnicos de la zona para tener un respaldo técnico en caso de que tengas dudas; así como para conocer distintas oportunidades laborales en las que podrías apoyar.

✓ **Cumple las fechas establecidas con tus clientes o empleadores**. Esto te ayudará a planificar mejor tu tiempo y te dará a conocer como una persona responsable y confiable.

RED DE SERVICIOS TÉCNICOS

Planos y esquemas

Índice

Introducción

Cómo es el dibujo de las tuberías en los planos

Los procesos industriales que pueden ser de trasporte de líquidos, gases o cables para el trasporte de fluido eléctrico, generalmente se representan en los planos técnicos por medio de trazos que representan las líneas de tubería y por símbolos que pueden representar toda clase de componentes o accesorios, como por ejemplo motobombas, compresores, válvulas, codos, derivaciones, entre otros.

Los dibujos de tubería pueden ser en proyección isométrica u ortogonal, claro que en el caso de vistas ortogonales se deben presentar vistas múltiples para determinar las dimensiones de los tramos de tuberías y la ubicación de los accesorios o componentes del sistema. Esta condición implica que en muchos casos sea más empleada la proyección isométrica por medio de la cual se muestra la totalidad de la red de tuberías.

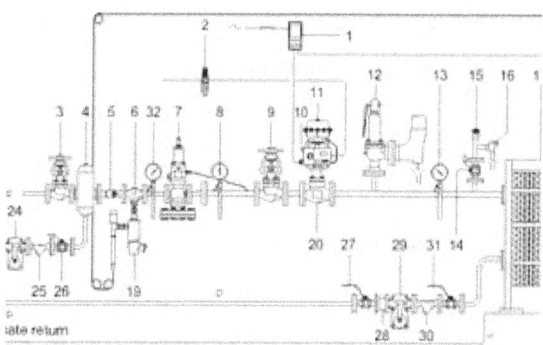

Sistemas de representación

Sistemas de representación empleados en el plano

En el dibujo de tuberías se pueden emplear dos sistemas de representación:

1. Sistema de trazado a escala (trazo a línea doble o real).

2. Sistema esquemático (trazo de línea simple o simplificada).

En ambos casos el personal encargado de montaje o de interpretación del plano deberá estar en capacidad de interpretar y definir las características de la res o sistema de tuberías plasmados en el plano.

Sistema de trazado a escala

Trazo a línea doble o real

Se emplean principalmente para tubos grandes (generalmente con bridas), como en las obras de calderas y de centrales o plantas eléctricas, en que las longitudes son criticas, y especialmente cuando el tubo no se corta y ajusta en la obra. También pueden detallarse así los tubos más pequeños, cuando se preparan las piezas a su longitud final y con sus roscas antes de enviarse a la obra.

Las vistas se disponen generalmente en proyección ortográfica, sin embargo, resulta más claro ir girando toda la tubería hasta extenderla sobre un plano y hacer una sola vista desarrollada o lo que es igual a mostrar una vista isométrica.

En planos de redes de tuberías donde se quiere mostrar en detalle todos los componentes, se suelen emplear símbolos en doble línea o representación real.

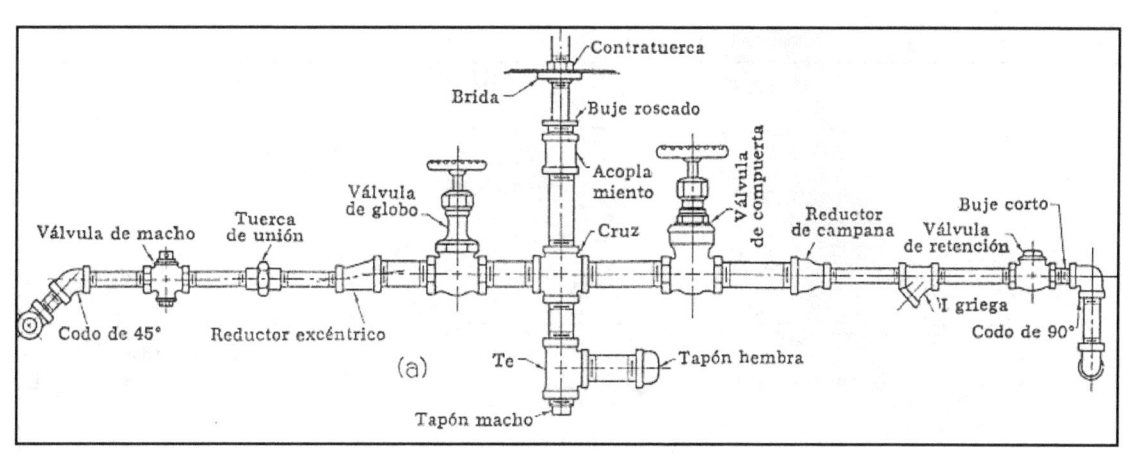

Sistema esquemático

Trazo de línea simple o simplificada

Se emplean en los dibujos que se hacen a escala pequeña, como los planos arquitectónicos, los de distribución en planta, etc., o en los croquis.
Cuando los detalles no son relevantes, se suelen simplificar los planos con símbolos a trazo simple, pero que representan de igual forma los accesorios y componentes.

Siguiendo este sistema, se indican los accesorios por medio de símbolos y los tramos de tubería se muestran por una sola línea, cualesquiera que sean los diámetros de la tubería.

Cuando las tuberías conducen líquidos diferentes, o una misma sustancia en distintos estados físicos, se identifican por un código de símbolos o se hace variar el trazo.

La simple línea que representa la tubería en el dibujo debe hacerse más gruesa que las demás líneas del dibujo.

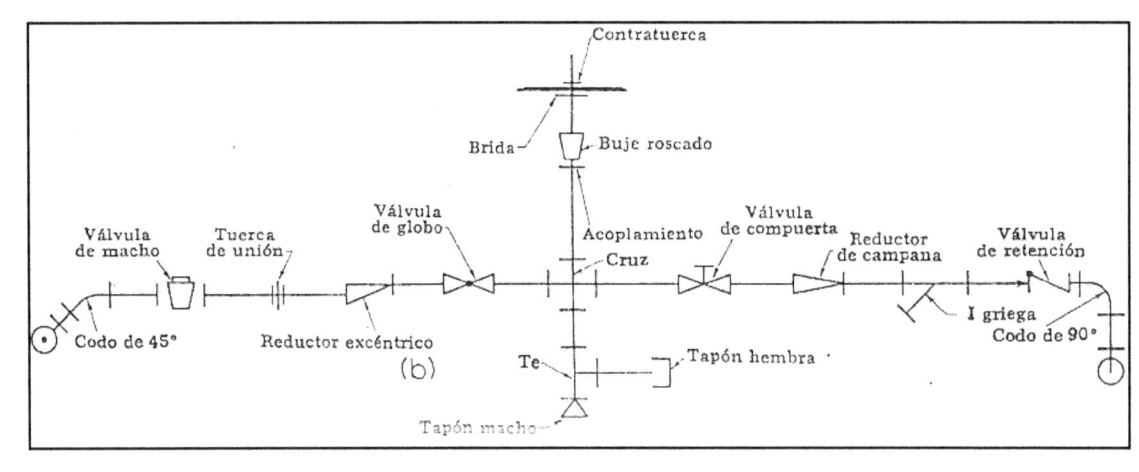

94

Tipos de Proyecciones

Proyección isométrica y ortogonal de tuberías

La representación de redes de tuberías en planos técnicos puede variar en función de la posibilidad de interpretar con mayor facilidad los detalles de la red, esta condición permite que se empleen diferentes tipos de proyección, ellas son la proyección isométrica y la proyección ortogonal.

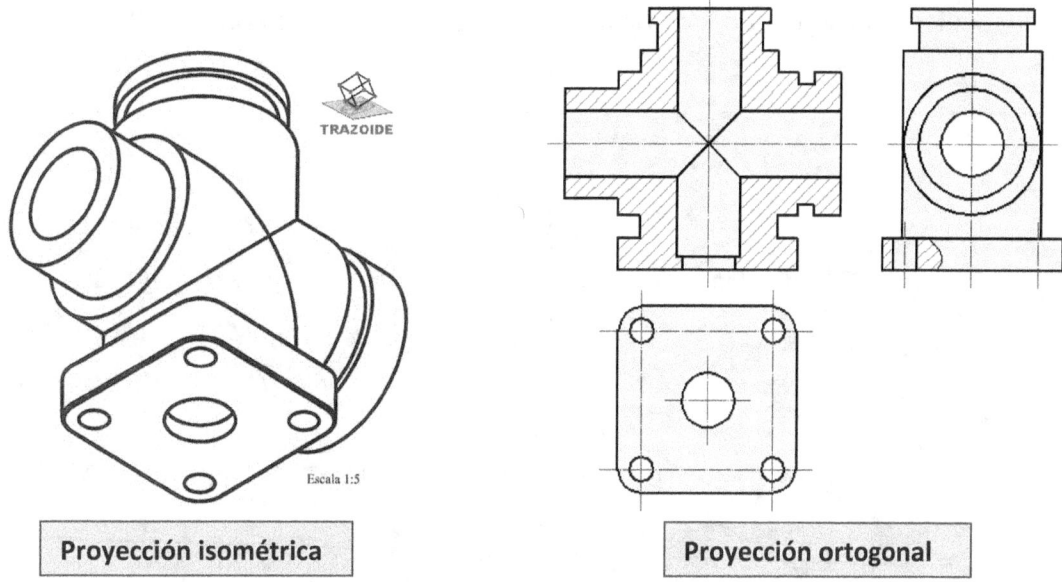

| Proyección isométrica | Proyección ortogonal |

Proyección isométrica de tuberías

En el caso de proyecciones isométricas los dibujos de tubería suelen ser en representación real, dando a conocer detalles característicos de los componentes del sistema, en algunos casos el dibujo en visual real, permite ver con claridad los componentes del sistema y se suelen identificar con ítems para que quien interpreta el plano determine la cantidad o detalles de los componentes.

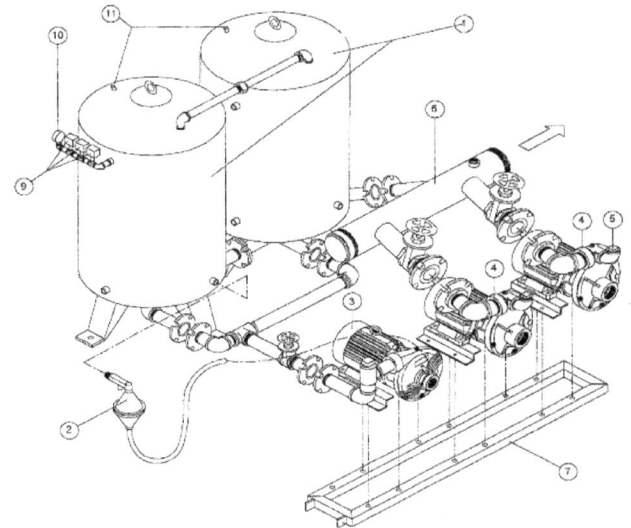

Para el caso de dibujos de tuberías en proyección isométrica y en representación simplificada se suelen incluir dentro del dibujo los nombres o características de los componentes.

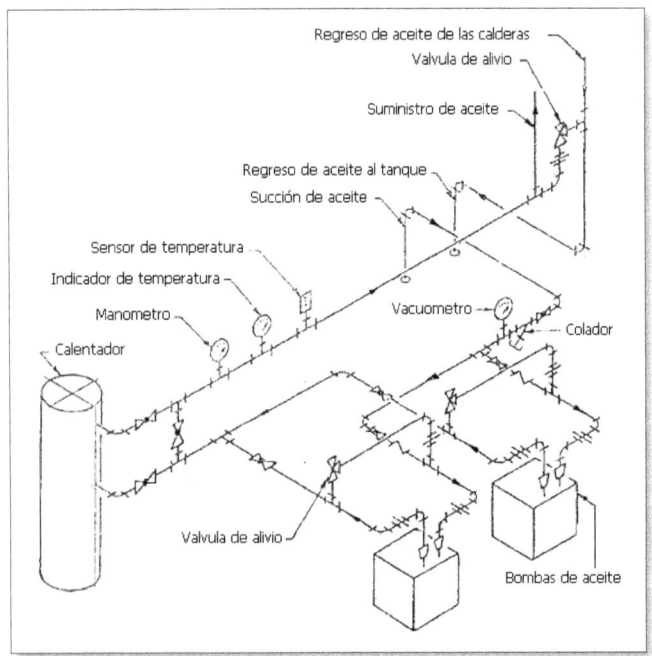

También es viable incluir dentro del plano una tabla donde se incluyen los ítems y todas sus características.

96

Es importante mencionar que en ambos casos se pueden incluir las dimensiones de las líneas de tubería, claro está que en los dibujos con representación simplificada la interpretación es más simple y se evitan posibles equivocaciones dado que se ve en su totalidad el trazado de las tuberías, para el caso donde no hay reducciones, se puede especificar el diámetro y material de la tubería como nota adicional o simplemente por medio de ítems.

Se referencian los compontes en una tabla las características relevantes:

Dimensiones	Tipo de unión	Material
Diámetro	brida	Cobre
	roscada	Concreto
	soldad	Acero
	espiga	Hierro
	campana	Polietileno

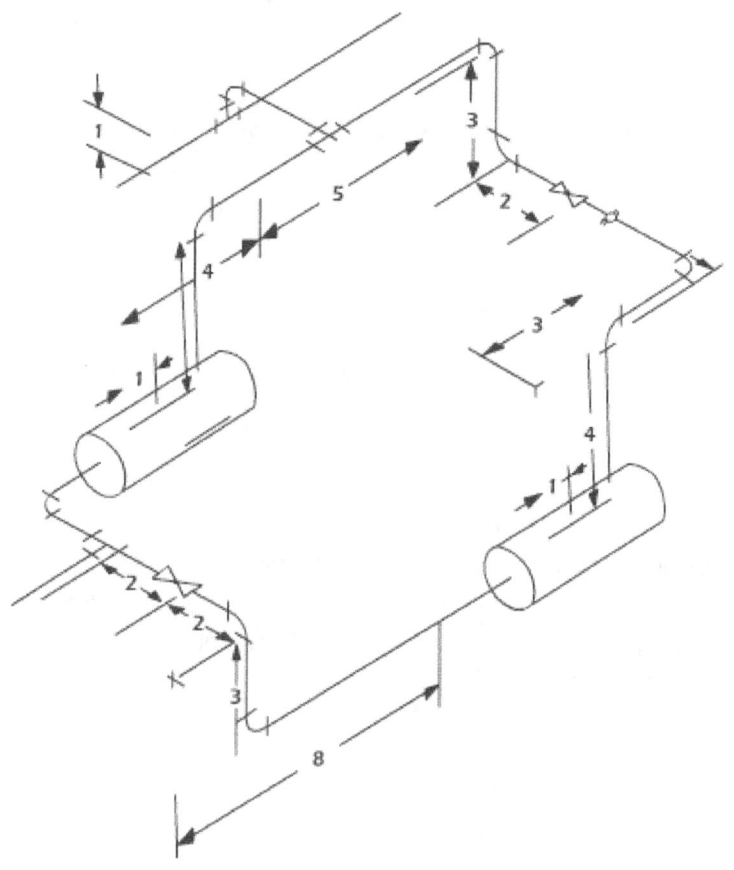

Proyección ortogonal de tuberías

La representación ortogonal de tuberías es muy empleada dada la facilidad de hacer una lectura de las dimensiones de los tramos de tubería, claro está, que por su naturaleza se deben incluir varias vistas para poder definir todas las dimensiones, ellas serán la vista frontal, la vista de planta o superior y una vista lateral en caso de ser necesaria.

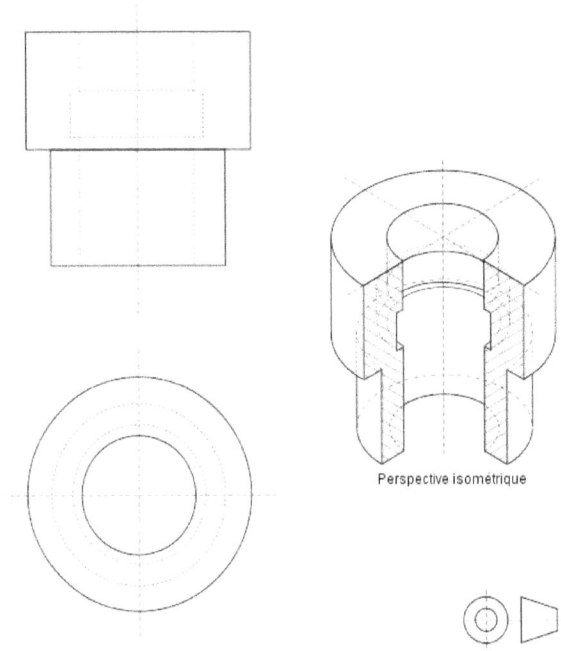

Perspective isométrique

Como la representación ortogonal incluye varias vistas, es necesario para dar claridad incluir el contorno de las tuberías (mostrar el contorno circular de la tubería) en los casos donde observamos el tubo por su eje y se quiere indicar que la tubería sigue un recorrido perpendicular al plano que observamos.

Para el caso de la representación ortogonal también se pueden emplear los trazos dobles o representación real y/o el trazo simple o representación simplificada como se muestra a continuación.

En la siguiente imagen se puede observar un tramo de una red de tubería en proyección ortogonal y representación real.

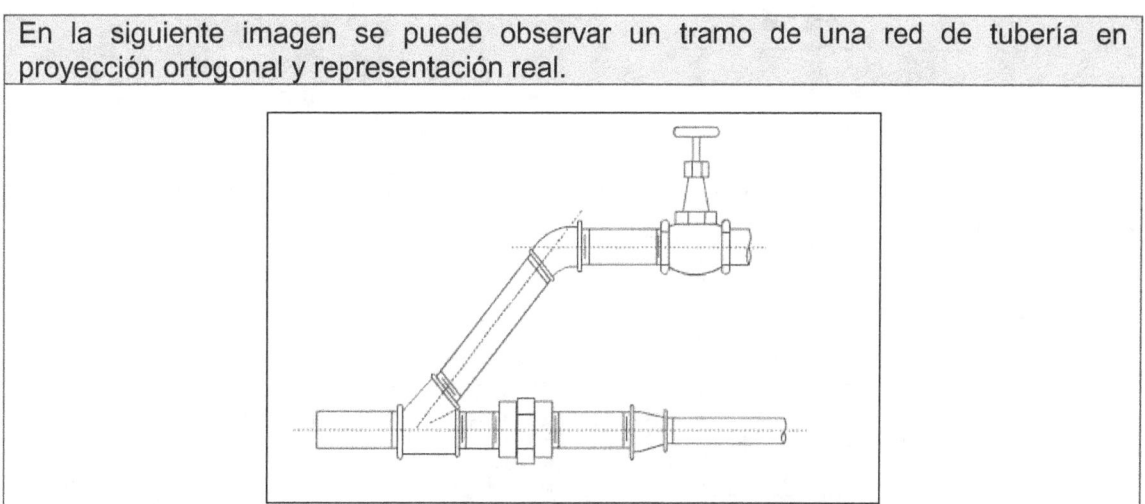

En la siguiente imagen se puede observar un tramo de una red de tubería en proyección ortogonal y representación simplificada.

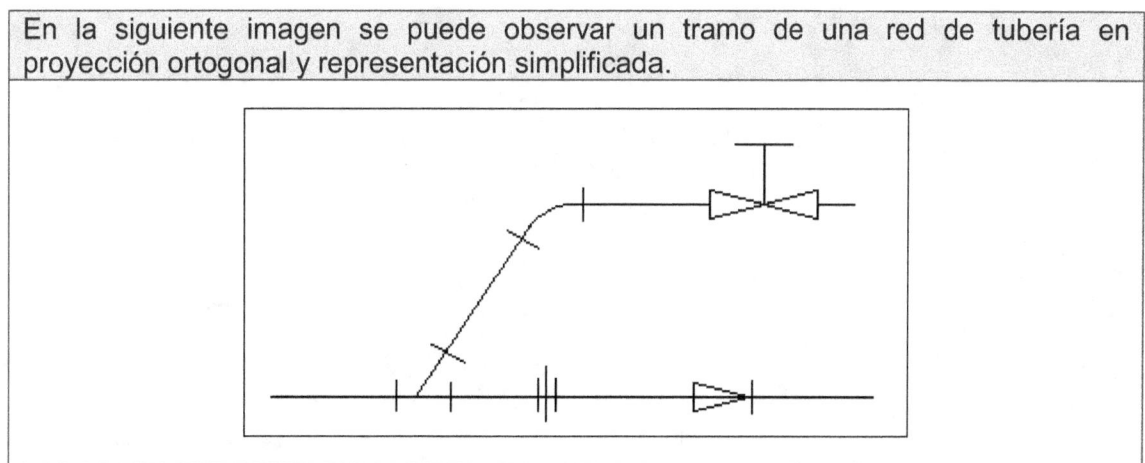

En la siguiente imagen se puede observar un tramo de tubería en proyección ortogonal y representación simplificada con la acotación correspondiente. Se pretenden mostrar los accesorios y componentes de la red, brindar una idea de la posible disposición de las redes y especificar algunos detalles como el diámetro y disposición de los accesorios.

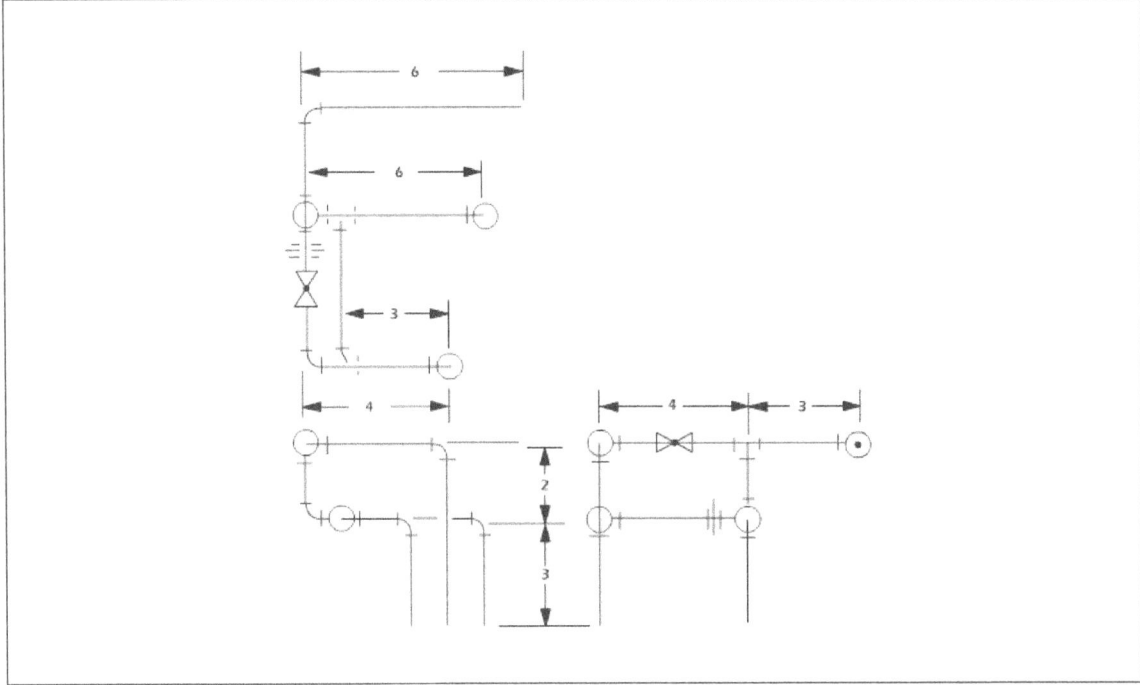

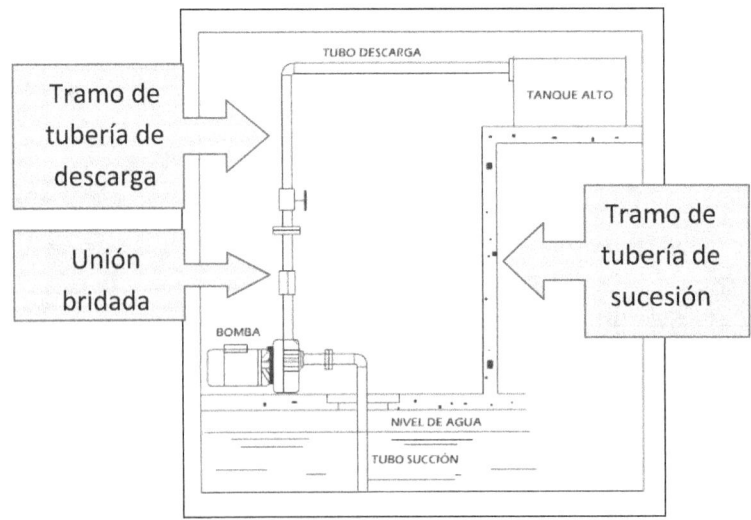

Esquema de una red para trasegar agua hasta un depósito elevado.

Acotación

Acotación de dibujos de tuberías

Las cotas que figuran en los dibujos de tuberías son principalmente de situación, todas las cuales se dan con respecto a los ejes, tanto en los esquemas de línea simple como en la representación de línea doble.

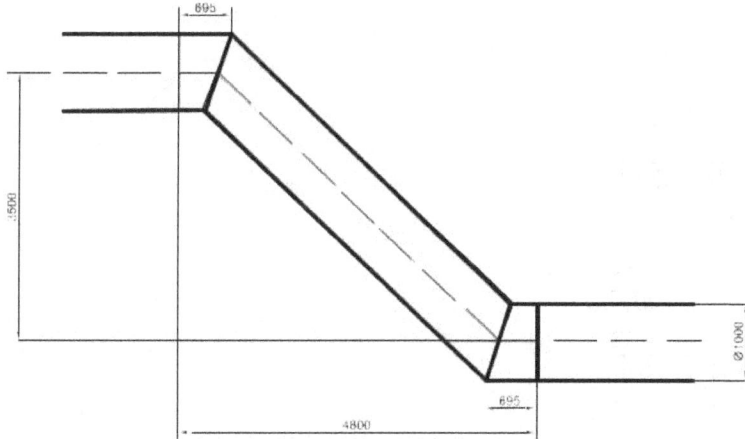

Los tamaños o dimensiones de los tubos deben especificarse por medio de notas dando sus diámetros nominales, y nunca por medio de líneas de cota sobre el dibujo de los tubos. Los accesorios se especifican por medio de una nota. Una parte esencial importante es que figuren notas muy completas en todos los dibujos y esquemas de tubería.

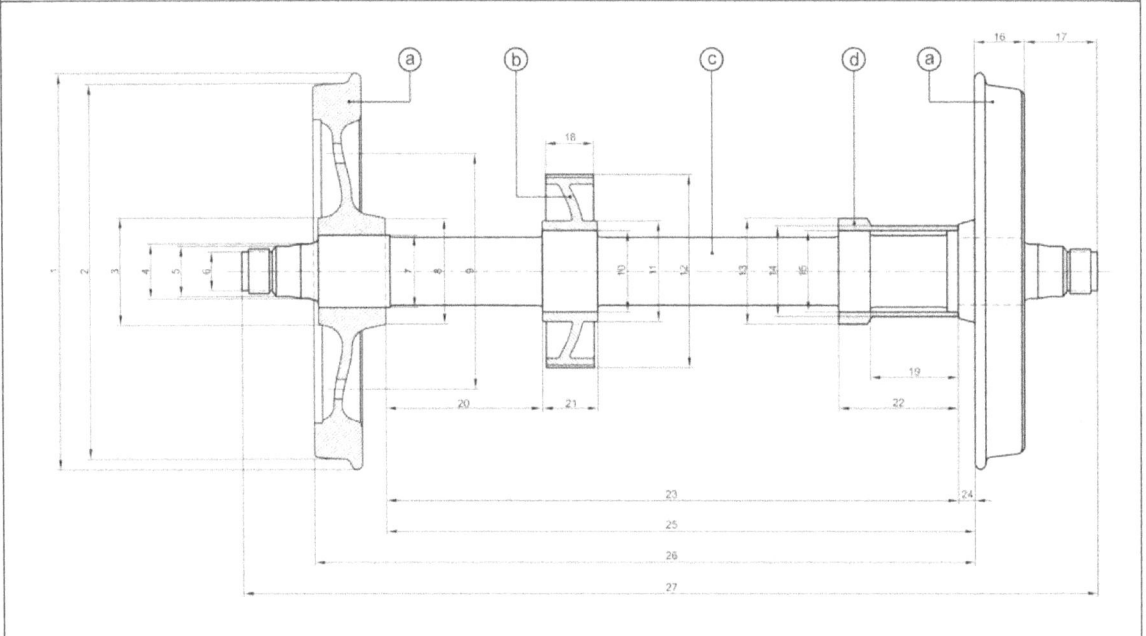

COTA N°	DIMENSIONES	
	MÁXIMA	MÍNIMA
1	1140	835
2	1025	616
3	265	255
4	150	132
5	130	110
6	------	100
7	210	178
8	265	255
9	-------	610
10	225	219
11	270	280
12	670	470
13	-------	272
14	-------	234
15	-------	210
16	140	127
17	270	254

Al proyectar una tubería, debe tenerse cuidado de situar las válvulas de manera accesibles y espacio libre para su accionamiento.

Cuando es necesario acotar una longitud real de un tramo de tubería, puede calcularse la distancia utilizando las dimensiones exteriores de los accesorios y tomando en cuenta la longitud de entrada de las roscas de los tubos. Las válvulas y los accesorios se sitúan por mediciones llevadas a sus ejes, y las tolerancias para el armado del sistema se dejan al instalador.

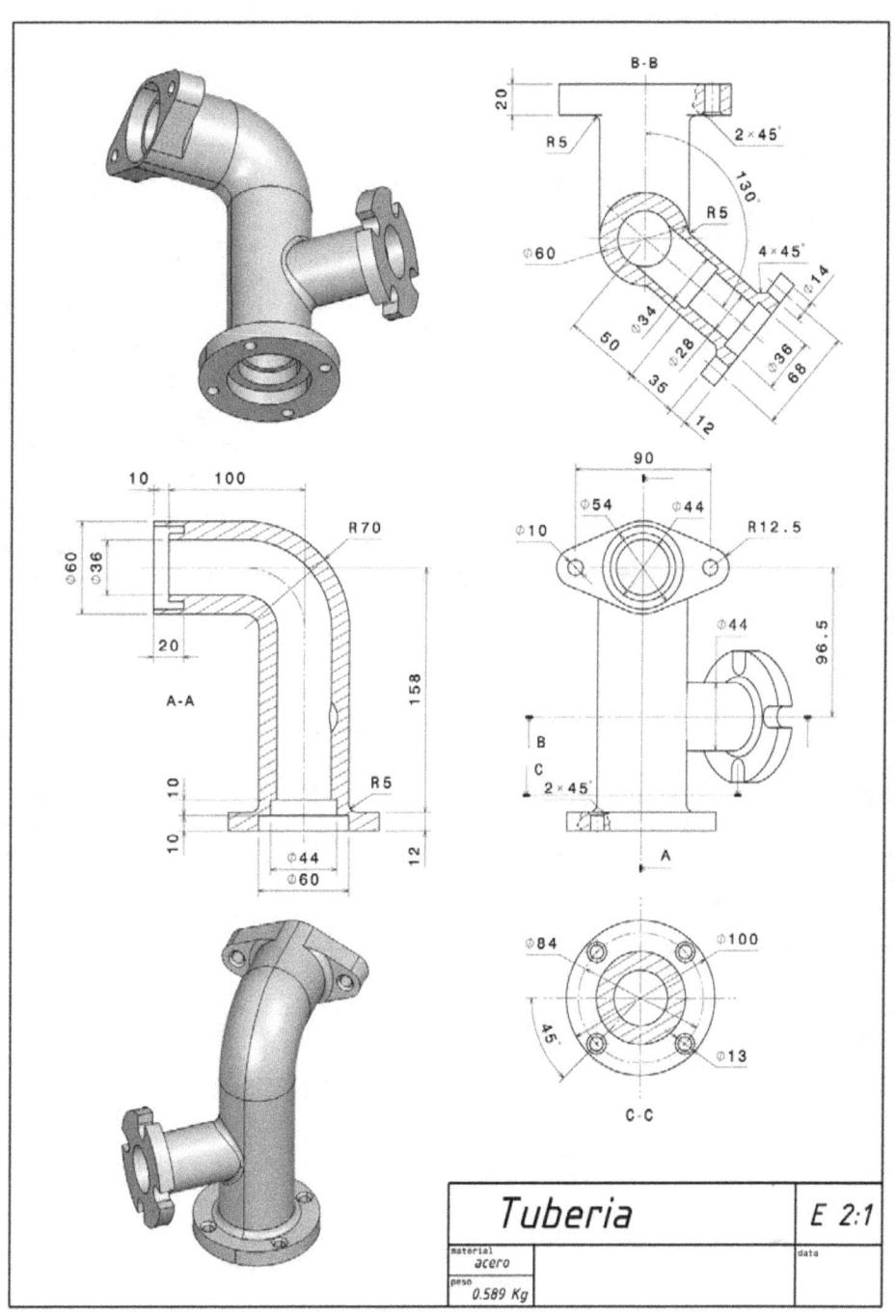

Tuberia	E 2:1

material: acero
peso: 0.589 Kg
data:

Símbolos

Símbolos aplicados al dibujo de tuberías

Los símbolos son muy empleados en el dibujo de las tuberías, porque en muchos casos resulta complejo representar de forma real los componentes de un sistema de tuberías, lo ideal es emplear símbolos que representen los componentes o accesorios y estos a su vez se introducen entre los trazados de tubería. Para ordenar un poco esta serie de símbolos se agruparan de la siguiente manera: símbolos de tubería, símbolos de empalmes, símbolos de accesorios, símbolos de válvulas y símbolos de dispositivos o equipos.

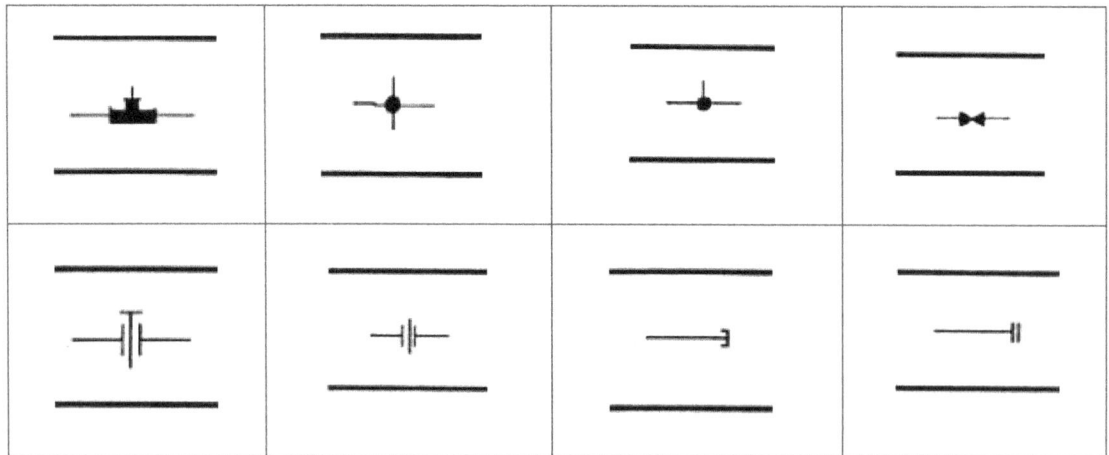

Simbología de tuberías

Una gran variedad de tubos y otros conductos se encuentra disponible para el abastecimiento de líquidos y gases a los componentes mecánicos, o desde una fuente de abastecimiento a una máquina.

Se necesita adquirir familiaridad con los tubos y sus accesorios no solamente para realizar dibujos de tubería, sino porque el tubo se utiliza frecuentemente como material de construcción.

Es necesario también tener en cuenta el conocimiento de las roscas de tubo ya que con frecuencia es necesario representar y especificar agujeros aterrajados para recibir tubos de abastecimiento de líquidos y gases.

El símbolo general para representar un tramo de tubería es una línea recta, que puede variar en su grosor si en el mismo plano se incluyen por ejemplo líneas de tubería principales de proceso y líneas de tubería secundarias.

_____

Para representar líneas de tubería se pueden clasificar dos métodos:

En el primer método el trazo varía en función de la visibilidad de tramos de tubería en el plano.

Sección o tramo visible de tubería	Sección o tramo oculto
_____	— — — — —

En el segundo método el trazo de la tubería varía según la naturaleza del fluido se indica por designación.

Sección o tramo visible de tubería	Sección o tramo oculto
—————————————	——— · ——— · ——— · —

En la caso de tramos de tuberías también es importante mencionar que por medio de símbolos se puede representar el sentido de flujo, tramos de tubería flexible, soportes móviles y puntos de anclaje.

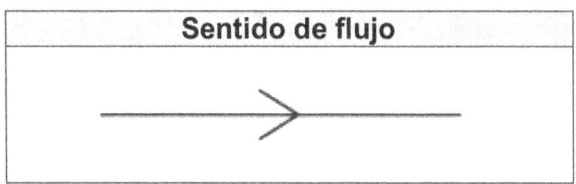

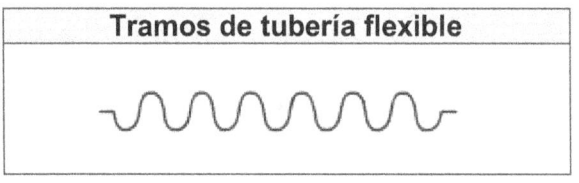

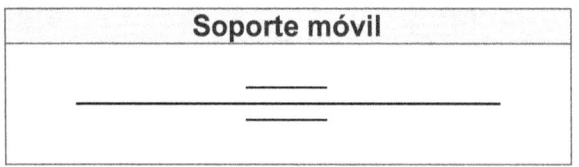

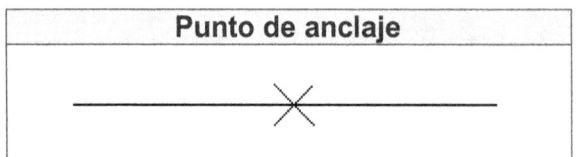

Símbolos de empalmes

La representación simbólica de empalmes puede variar en función de la naturaleza del mismo, es decir en un sistema de tuberías los empalmes pueden ser bridados, roscados, de espiga o campana y soldada, estas características implicara que las representaciones en el plano varié.

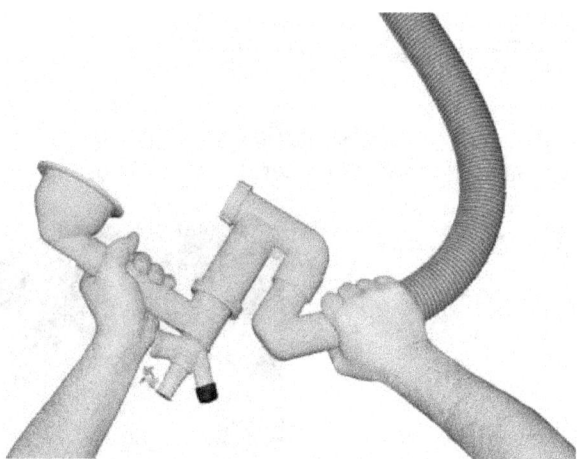

Para diferenciar un poco las características de dichos empalmes se mostrara la representación gráfica de los empalmes para un accesorio común. Para el ejemplo se empleara una T.

Empalme bridada	
Estos empalmes se representan con un trazo doble perpendicular a la línea de la tubería.	
Empalme roscado	
Estos empalmes se representan con un trazo simple perpendicular a la línea de tubería.	
Empalme de espiga o campana	
Estos empalmes se representan por un arco que quiere decir que un tramo de tubería terminado en espiga, se acopla con el otro que inicia en campana.	
Empalme soldada	
Estos empalmes se representan por un punto y una x en el punto de empalme.	

Símbolos de accesorios

Los accesorios para tubos son las piezas usadas para conectar y formar la tubería. Los accesorios se especifican por el nombre, el tamaño nominal del tubo y el material.

Dentro de los accesorios más comunes empleados en sistemas de tubería están:

- **Los codos:** se utilizan para cambiar la dirección de una tubería, ya sea a un ángulo de 90º o un ángulo de 45º.

Simbología				
Angulo	Bridada	Roscada	Espiga y campana	Soldada
90º				
45º				

108

Uniones universales: Las uniones o tuercas de unión se usan para cerrar sistemas y conectar tubos que hayan de mostrarse ocasionalmente.

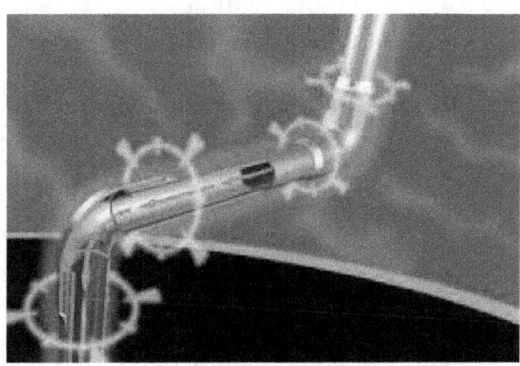

Tipos de uniones
Una **unión universal** está compuesta de tres piezas, dos de las cuales, van atornilladas firmemente a los extremos de los tubos que se conectan. La tercera pieza, las presiona hasta juntarlas, formando la empaquetadura una junta hermética.   
Las **uniones soldadas** eliminan la posibilidad de fugas entre la brida y el tubo; se emplea con éxito en las tuberías sujetas a altas temperaturas y presiones y fuertes deformaciones por dilatación. La brida de collar para soldar se consigue en los diversos tamaños de tubo.   
Otros símbolos asociados a uniones de tuberías se muestran a continuación:

Bridada	Roscada	Espiga y campana
—╫—	—┼—	—⟩┼—

- **Un reductor es semejante a un acople**, pero tiene sus dos extremos roscados para tubos de diferente diámetro. Los tubos se conectan también rascándolos dentro de bridas o platinas de fundición y uniendo las bridas por medio de pernos. A no ser que las presiones presentes sean muy bajas, se recomiendan las juntas de brida para todos los sistemas que requieran tubo de más de 4 pulgadas de diámetro.

Bridada	Roscada	Espiga y campana	Soldada
⊳	⊳	⊳	⊳

- **Tee o derivación**: Accesorio diseñado para incorporar en una instalación de mini canales un trazado vertical por derivación a uno horizontal formando una estructura en forma de T invertida en la mayor parte de las ocasiones.

Bridada	Roscada	Espiga y campana	Soldada
⊤	⊤	⊤	⊤

- **Cruz**: Accesorio que se usa para conectar tubería de polietileno con algún otro elemento de la instalación que tenga rosca, este accesorio se caracteriza por su alta resistencia y firmeza y son utilizadas en la industria.

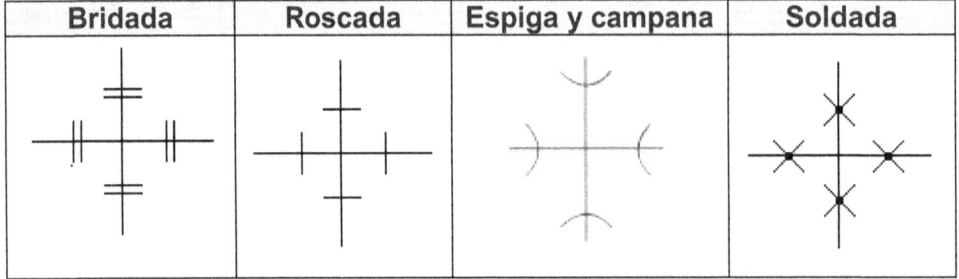

Bridada	Roscada	Espiga y campana	Soldada
✚	✚	✚	✚

Símbolos de válvulas

Las válvulas son accesorios de sistemas de tuberías que permiten regular el flujo de fluido. En función de la naturaleza del fluido se usan diferentes tipos, las cuales permiten regular el flujo o restringirlo herméticamente. Algunas válvulas comúnmente empleadas son: válvula de compuerta, válvula de globo, válvula de retención. Válvula de mariposa, válvula de ángulo.

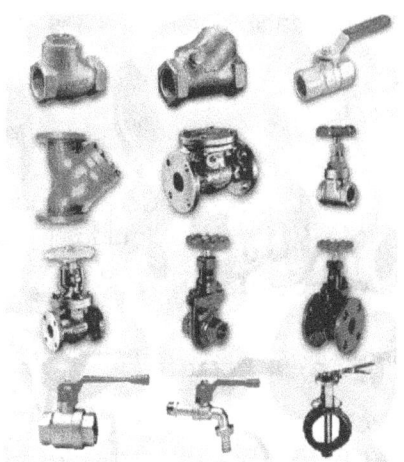

Las válvulas se especifican dando el tamaño, el material, el tipo de conexión y tipos de uso.

Diámetros	Desde ¼" hasta 8".
Materiales	Bronce, Fierro, Acero, Acero Inoxidable con asientos de: Teflón, bronce, fierro, níquel, acero.
Tipo de conexión	Roscadas y bridadas.
Usos	Agua, vapor, aceite, aire, petróleo, gas, solventes, combustibles en general.

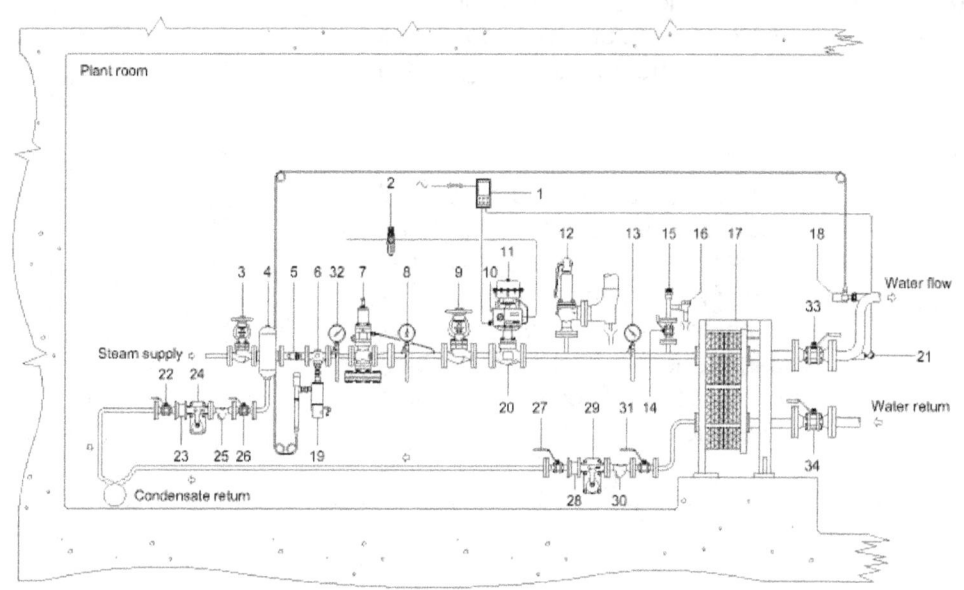

A continuación veremos los símbolos de los tipos de válvulas según el uso en las tuberías:

Nombre	Descripción	Símbolo
Válvula de compuerta	Usada para agua y otros líquidos, que permite su circulación o paso en línea recta.	
Válvula de globo	Usada para estrangular la corriente de vapor u otros fluidos.	
Válvula retención de charnela	Permite la circulación en un solo sentido.	
Válvula de mariposa	Se cierra y se abre con un cuarto de vuelta, pero no cierra tan herméticamente como para impedir el paso de vapor, y se usa solamente como registro o para retención.	
Válvula de ángulo	Permite tener un flujo de caudal regular si excesivas turbulencias y es adecuada para disminuir la erosión cuando esta es considerable por las características del fluido o bien por la excesiva presión diferencial.	

Símbolos de dispositivos o equipos

En el dibujo de plantas industriales o de procesos donde se incluyen tuberías para trasportar cualquier tipo de fluido se puede emplear gran cantidad de símbolos que representan cualquier tipo de elementos que se incluyen en dichas instalaciones, para simplificar el tema se muestran a continuación los mas empleados o comunes, pero hay que tener en cuenta que cualquier dispositivo o equipo se puede representar por medio de los símbolos generales de equipos.

El símbolo general para toda clase de equipos puede ser un simple círculo o rectángulo, pero esta generalización hace necesario establecer una identificación del dispositivo que se simboliza, a continuación veremos unos ejemplos de dichos símbolos.

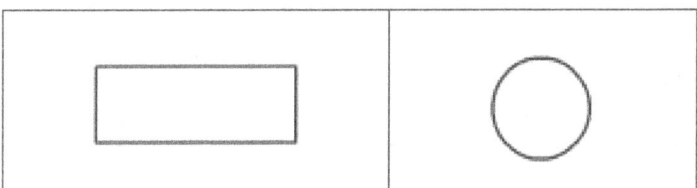

Nombre	Símbolo
1. Caldera para combustible sólido.	
2. Caldera para combustible liquido.	
3. Caldera con gas combustible.	
4. Caldera calentada mediante electricidad.	
5. Módulos de calor o intercambiadores de calor.	
6. Bomba hidráulica.	
7. Bomba de fluido.	

Existen otro tipo de simbologías las cuales no parten del símbolo general las cuales son:

114

Nombre	Símbolo
1. Filtro	
2. Serpentín.	
3. Medidor de gas	
4. Aspersor	
5 Medidor de agua	
6. Manómetro	

Simbología

Simbología

Para el estudio de las instalaciones de agua fría del interior de los edificios, nos vamos a valer de la representación gráfica de estas instalaciones, por lo tanto, es preciso, primeramente adoptar una serie de símbolos que se representan a continuación, cuyo significado y utilización en agua fría y caliente, vamos a analizar.

SÍMBOLOS		SIGNIFICADO
	Tubería de agua fría	TUBERÍAS Las tuberías de agua fría, se representan de trazo continuo, aunque las mismas queden empotradas o vayan vistas, sin hacer distinción en los esquemas ni del material de que están hechas, ni de su colocación, datos que se fijarán en las memorias descriptivas de la instalación. No obstante, se destaca en esta simbología, algunas situaciones que sí se deben tener en cuenta, como son los pasos a través de muros que exijan protección, los anclajes de las tuberías, la dirección de los tubos en planta, si son ascendentes o descendentes, y la dirección de la corriente del fluido en el tubo. Así mismo, en determinados esquemas, por su importancia, se deben destacar las reducciones de sección y la colocación de filtros, siempre que estos vayan independientes en la tubería, mientras que si forman parte de de algún elemento con filtro incorporado, éstos no se representan.
	Tubería de agua caliente	
	Retorno de agua caliente	
	Dirección de la corriente en el tubo	
	Dirección de la pendiente en el tubo	
	Tubería de desagüe	
	Manguito de paso	
	Tubería calorifugada	

	Tubo ascendente	
	Tubo descendente	
	Anclaje de tubo	
	Reducción de tubería	
	Filtro	

		Llave de paso
		Elemento de corte del fluido en la instalación. Debe colocarse para zonificar o aislar los servicios (derivaciones, ramales de aparatos, columnas, etc.), puede ser roscada o para soldar, y los tipos más frecuentes son de asiento o de compuerta.
		Válvula de retención
		También denominada antirretorno, ya que su misión es impedir los retrocesos del fluido, permitiendo su paso en una sola dirección. Se colocará en todos los puntos en que la inversión de la circulación pueda traer algún problema (contaminación, vaciado etc.). Puede ser roscada o para soldar, y lleva generalmente una flecha que lleva la dirección del liquido (permaneciendo esta abierta), la misma presión del agua la abre, siendo, por lo general, de clapeta o de bola.
		Llave de paso con grifo de vaciado
		Es una llave de paso normal, que además lleva incorporada una salida para vaciar el tramo de tubería que abarca, por ejemplo, para efectuar reparaciones. Se coloca en columnas, y en todos los puntos bajos de los distribuidores.
		Válvula reductora de presión
		Sirve, como su nombre indica, para reducir la presión a partir del punto donde se instala, con objeto de permitir funcionar algunos elementos que no lo Harían a la presión inicial (por ejemplo, aparatos instalados en las plantas bajas de determinadas instalaciones), su instalación se hace después del contador general y llave de paso. Por lo general, son regulables normalmente, o automáticas, para adaptar la presión a los valores adecuados a cada caso particular.

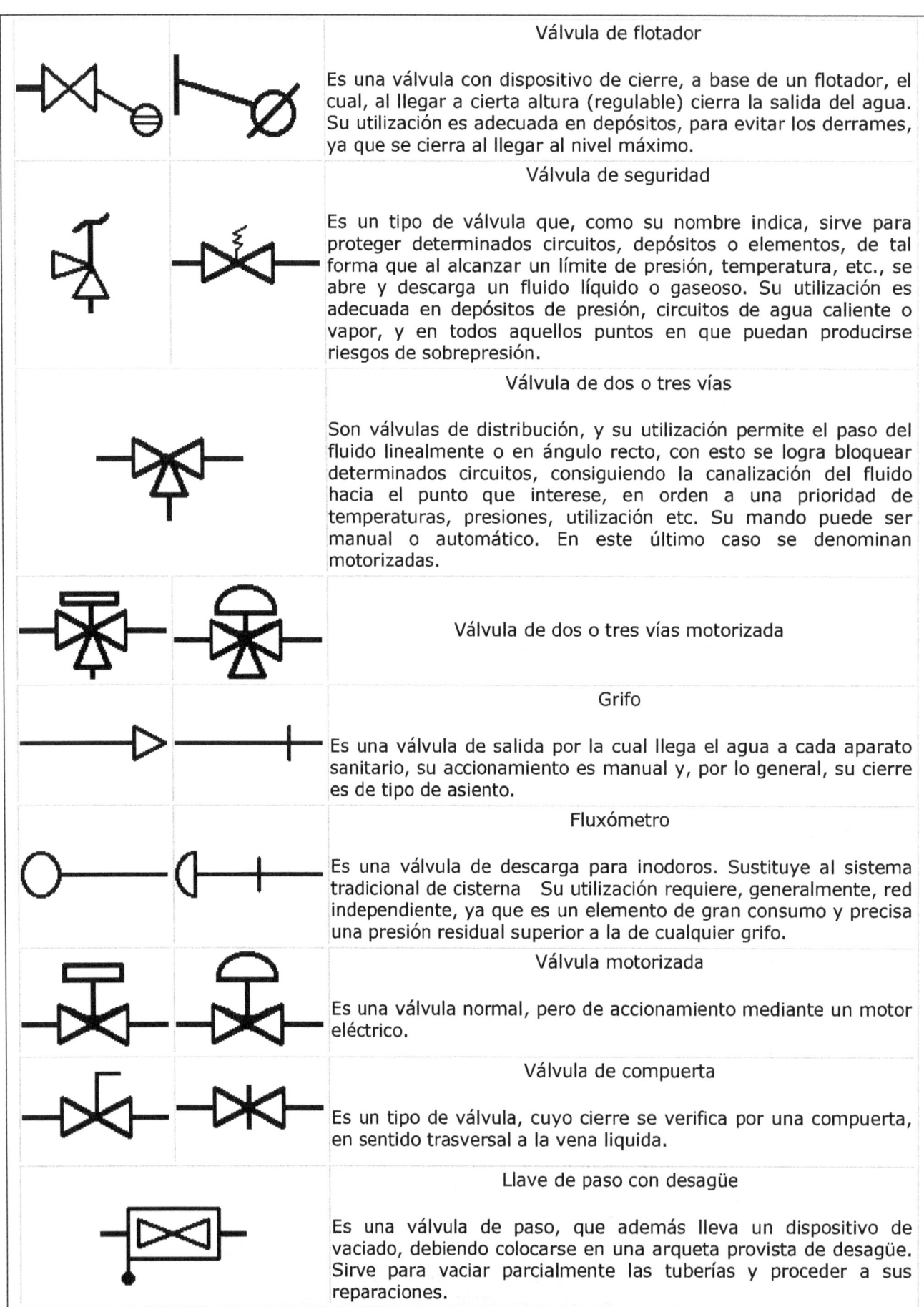

Válvula de flotador

Es una válvula con dispositivo de cierre, a base de un flotador, el cual, al llegar a cierta altura (regulable) cierra la salida del agua. Su utilización es adecuada en depósitos, para evitar los derrames, ya que se cierra al llegar al nivel máximo.

Válvula de seguridad

Es un tipo de válvula que, como su nombre indica, sirve para proteger determinados circuitos, depósitos o elementos, de tal forma que al alcanzar un límite de presión, temperatura, etc., se abre y descarga un fluido líquido o gaseoso. Su utilización es adecuada en depósitos de presión, circuitos de agua caliente o vapor, y en todos aquellos puntos en que puedan producirse riesgos de sobrepresión.

Válvula de dos o tres vías

Son válvulas de distribución, y su utilización permite el paso del fluido linealmente o en ángulo recto, con esto se logra bloquear determinados circuitos, consiguiendo la canalización del fluido hacia el punto que interese, en orden a una prioridad de temperaturas, presiones, utilización etc. Su mando puede ser manual o automático. En este último caso se denominan motorizadas.

Válvula de dos o tres vías motorizada

Grifo

Es una válvula de salida por la cual llega el agua a cada aparato sanitario, su accionamiento es manual y, por lo general, su cierre es de tipo de asiento.

Fluxómetro

Es una válvula de descarga para inodoros. Sustituye al sistema tradicional de cisterna Su utilización requiere, generalmente, red independiente, ya que es un elemento de gran consumo y precisa una presión residual superior a la de cualquier grifo.

Válvula motorizada

Es una válvula normal, pero de accionamiento mediante un motor eléctrico.

Válvula de compuerta

Es un tipo de válvula, cuyo cierre se verifica por una compuerta, en sentido trasversal a la vena liquida.

Llave de paso con desagüe

Es una válvula de paso, que además lleva un dispositivo de vaciado, debiendo colocarse en una arqueta provista de desagüe. Sirve para vaciar parcialmente las tuberías y proceder a sus reparaciones.

SÍMBOLOS	SIGNIFICADO
	Contador general Aparato para controlar el consumo total de una instalación. Su disposición se hace en un armario o cámara en la acometida, debiendo llevar siempre una llave de paso antes y después del mismo. Los hay para roscar o para embridar.
	Contador divisionario Sirve para controlar el consumo particular de cada abonado. Su disposición puede ser individual en cada vivienda, o bien centralizados formando baterías.
	Llave de paso general Es la llave general que corta toda la instalación. Se dispone en la acometida y puede ser roscada o soldada.
	Bomba Elemento impulsor del agua, cuya utilización normal es para elevar la presión del agua o impulsarla hasta lograr una cota de altura. Por lo general, se utilizan moto-bombas (motor y bomba incorporados en un mismo eje). Su utilización es frecuente, lo mismo en los circuitos de agua fría que caliente.
	Grupo de presión Conjunto formado por una moto-bomba y un depósito, cuya utilización se verifica en las instalaciones que tienen presión insuficiente, lográndose con este mecanismo la presión adecuada para alcanzar los puntos de consumo peor situados.
	Depósito acumulador Depósito de agua que permite la acumulación para el servicio de una instalación. Su uso puede ser muy diverso, a veces se utiliza para toma de los grupos de presión, para acumular una capacidad que permita un caudal punta, para instalaciones de servicio intermitente, contraincendios, etc. Cuando su capacidad es muy grande, se desdobla en varios menores.

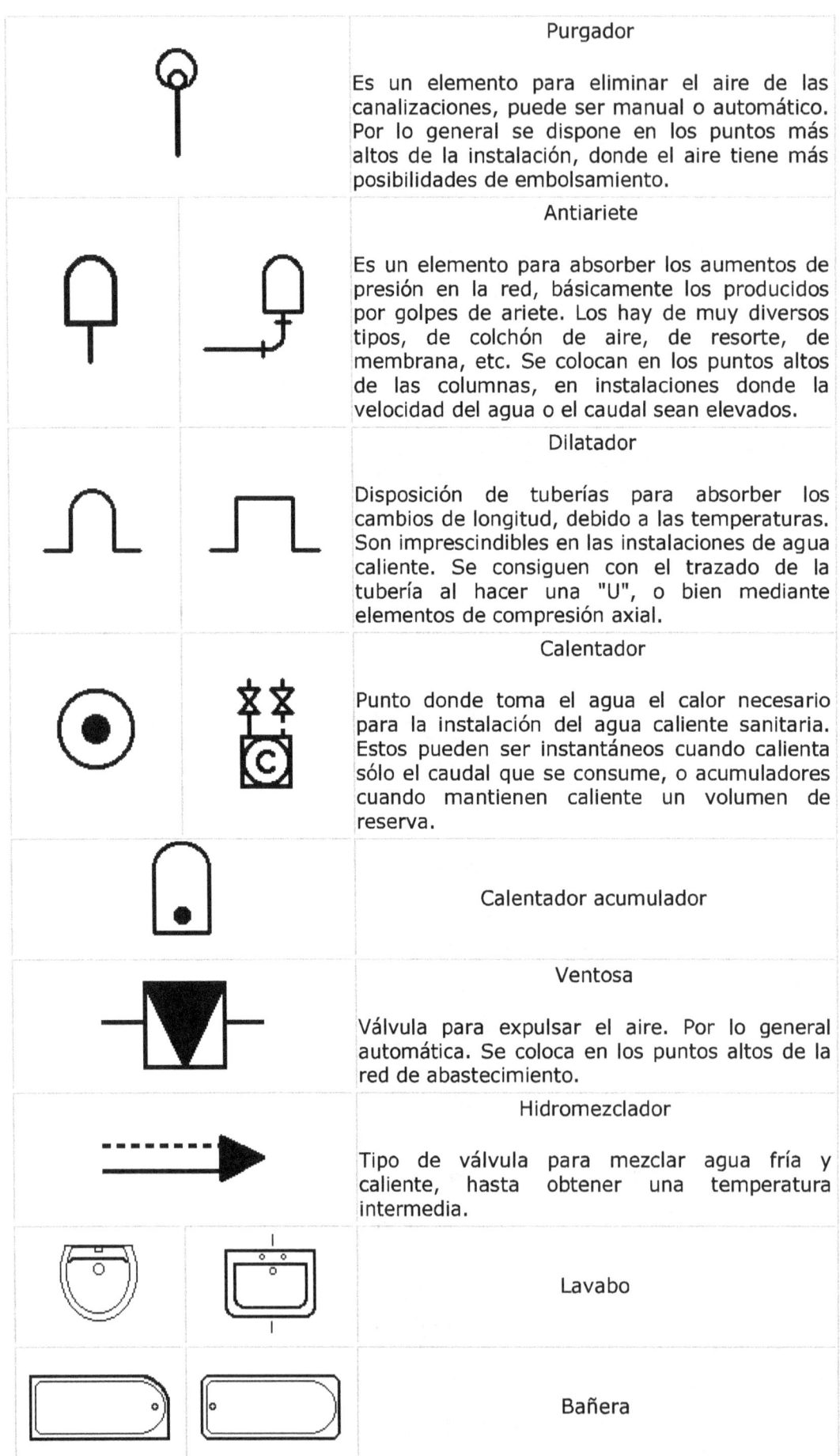

	Purgador
	Es un elemento para eliminar el aire de las canalizaciones, puede ser manual o automático. Por lo general se dispone en los puntos más altos de la instalación, donde el aire tiene más posibilidades de embolsamiento.
	Antiariete
	Es un elemento para absorber los aumentos de presión en la red, básicamente los producidos por golpes de ariete. Los hay de muy diversos tipos, de colchón de aire, de resorte, de membrana, etc. Se colocan en los puntos altos de las columnas, en instalaciones donde la velocidad del agua o el caudal sean elevados.
	Dilatador
	Disposición de tuberías para absorber los cambios de longitud, debido a las temperaturas. Son imprescindibles en las instalaciones de agua caliente. Se consiguen con el trazado de la tubería al hacer una "U", o bien mediante elementos de compresión axial.
	Calentador
	Punto donde toma el agua el calor necesario para la instalación del agua caliente sanitaria. Estos pueden ser instantáneos cuando calienta sólo el caudal que se consume, o acumuladores cuando mantienen caliente un volumen de reserva.
	Calentador acumulador
	Ventosa
	Válvula para expulsar el aire. Por lo general automática. Se coloca en los puntos altos de la red de abastecimiento.
	Hidromezclador
	Tipo de válvula para mezclar agua fría y caliente, hasta obtener una temperatura intermedia.
	Lavabo
	Bañera

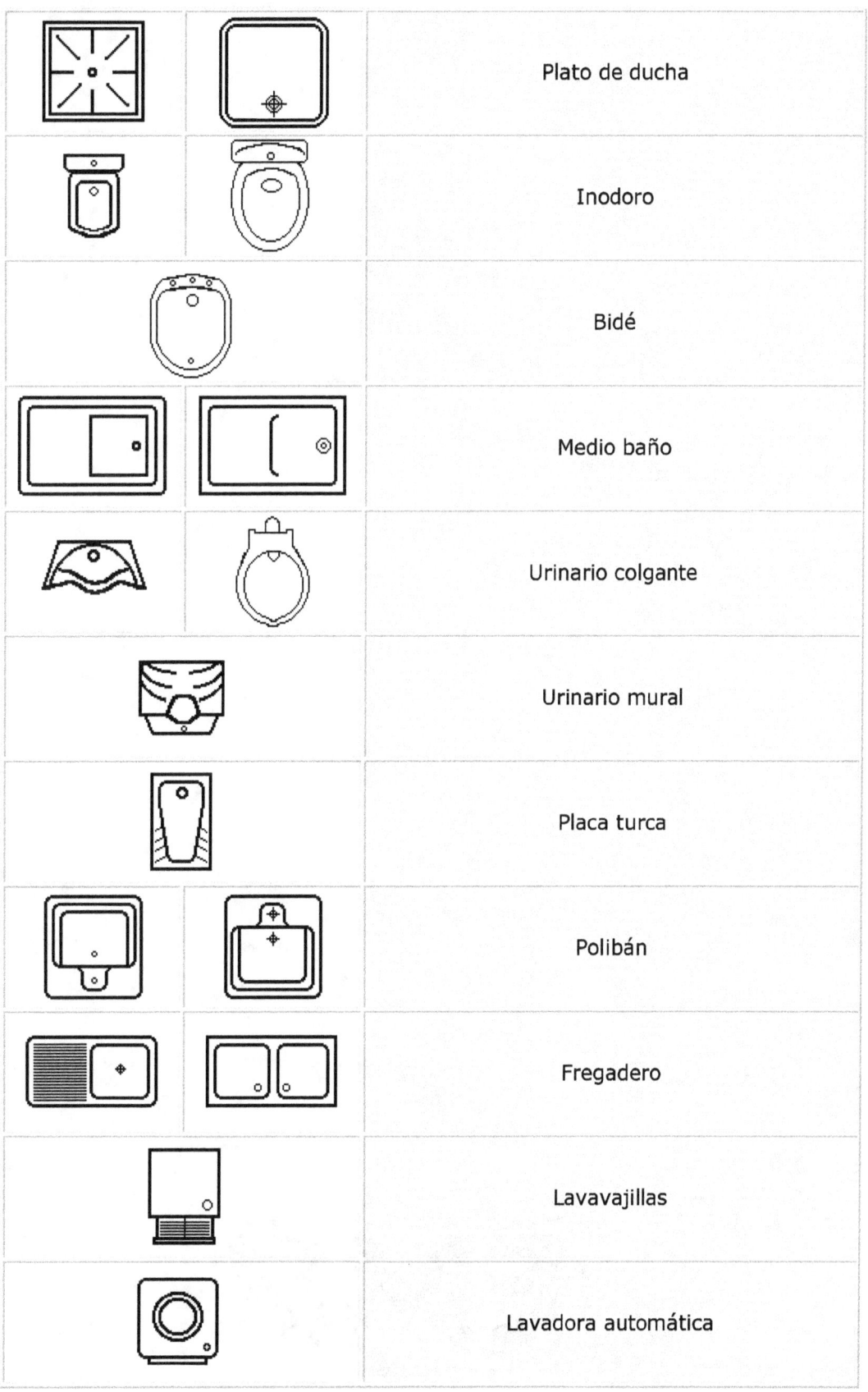

		Plato de ducha
		Inodoro
		Bidé
		Medio baño
		Urinario colgante
		Urinario mural
		Placa turca
		Polibán
		Fregadero
		Lavavajillas
		Lavadora automática

www.ingramcontent.com/pod-product-compliance
Lightning Source LLC
Chambersburg PA
CBHW080836220526
45467CB00008B/2298